Marty Brounstein

Mitarbeiter fördern und beurteilen für Dummies

Das Pocketbuch

WILEY-VCH

WILEY-VCH Verlag GmbH & Co. KGaA

Bibliografische Information der Deutschen Nationalbibliothek
Die Deutsche Nationalbibliothek verzeichnet diese Publikation in der Deutschen Nationalbibliografie; detaillierte bibliografische Daten sind im Internet über http://dnb.d-nb.de abrufbar.

1. Auflage 2010

Mehr über die Beurteilung und Motivation von Mitarbeitern erfahren Sie in »Coaching für Dummies«.

Printed in Germany
Gedruckt auf säurefreiem Papier

Korrektur Harriet Gehring, Köln
Satz Mitterweger und Partner, Plankstadt
Druck und Bindung AALEXX Buchproduktion GmbH, Großburgwedel

ISBN 978-3-527-70607-5

Ergebnisse guter Mitarbeiterführung und -motivation

Wenn Sie Ihre Mitarbeiter führen und motivieren und dabei die in diesem Buch beschriebenen Instrumente anwenden, dann sollten Sie diese Ziele erreichen:

- ✔ Leistungsergebnisse erreichen, die den Bedürfnissen des Teams und des Unternehmens entsprechen
- ✔ Mitarbeiterengagement aufbauen
- ✔ Fähigkeiten und Fertigkeiten der Mitarbeiter entwickeln
- ✔ Mitarbeiter dazu herausfordern, die bestmögliche Leistung zu erbringen und so selbstständig wie möglich zu arbeiten
- ✔ Die Leistungsfähigkeit durch bestmögliche Ausnutzung Ihrer Mittel steigern
- ✔ Konstruktive Arbeitsbeziehungen zu Ihren Mitarbeitern aufbauen
- ✔ Ihre Zeit planen, um die Zeit möglichst effektiv nutzen zu können
- ✔ Führung anbieten, um nicht nur in der Gegenwart, sondern auch zukünftig das Vorwärtskommen zu unterstützen
- ✔ Erstklassige Leistung unterstützen und das Verantwortungsgefühl der Mitarbeiter stärken
- ✔ Ihr Leben als Führungskraft ein klein wenig einfacher gestalten

Tipps für erfolgreiche Mitarbeitermotivation

- **Delegieren:** Benennen Sie die Ergebnisse, die Sie erwarten, stellen Sie Rahmenbedingungen auf, legen Sie fest, welche Unterstützung des Mitarbeiters zur Erreichung der Ziele benötigt wird und setzen Sie Meilensteine, um den Fortschritt des Mitarbeiters zu kontrollieren.
- **Geben Sie Feedback zur Leistung:** Teilen Sie Ihrem Mitarbeiter Ihre Eindrücke mit. Seien Sie genau und direkt, zeigen Sie Ernsthaftigkeit und führen Sie persönliche Gespräche, um sowohl positive als auch negative Leistungsbemühungen anzusprechen.
- **Motivieren Sie Mitarbeiter zu mehr Leistung:** Zeigen Sie zeitnah Anerkennung für eine erfolgreich ausgeführte Aufgabe und stellen Sie Ihren Mitarbeitern Aufgaben, die eine Herausforderung für sie darstellen und gleichzeitig den Anforderungen des Unternehmens entsprechen.
- **Helfen Sie Ihren Mitarbeitern, sich zu entwickeln:** Geben Sie Ratschläge, die zu erfolgsorientiertem Handeln anregen, und fragen Sie Mitarbeiter nach ihren Ideen für Verbesserungen und Problemlösung.
- **Setzen Sie bedeutsame Ziele:** Definieren Sie die Ergebnisse, die erreicht werden müssen, und wie die Zielerreichung gemessen wird.
- **Bewerten Sie die Leistung der Mitarbeiter:** Warten Sie nicht auf die jährliche Beurteilung. Treffen Sie sich mindestens einmal pro Quartal mit jedem Ihrer Mitarbeiter, um mit ihm über seine Leistung zu sprechen. Passen Sie Pläne entsprechend an, um die Prioritäten auf dem aktuellsten Stand zu halten.

Inhaltsverzeichnis

Einführung

Willkommen bei *Mitarbeiter fördern und beurteilen für Dummies*. Auch wenn es nur ein kleines Büchlein ist, Sie haben gerade ein Managementbuch in der Hand, mit dessen Hilfe Sie als Führungskraft lernen können, ein produktives Arbeitsumfeld zu schaffen. In diesem Buch finden Sie Anregungen, wie Sie die Leistung Ihrer Mitarbeiter weiter steigern können, indem Sie ihnen produktives Feedback geben und sie motivieren.

Über dieses Buch

Dieses Buch richtet sich an Führungskräfte auf allen Leitungsebenen. Welche Position Sie innerhalb der Strukturen Ihres Unternehmens auch bekleiden oder welche Kompetenzen Sie auch haben – was Sie und andere Führungskräfte gemeinsam haben, ist die Verantwortung für die Leistung anderer. Egal, welche Erfahrungen sie haben – die meisten Führungskräfte wissen, dass Fragen im Zusammenhang mit der Mitarbeiterleistung die größten Herausforderungen des Jobs sind.

Das Geheimnis des Erfolges in diesem Job ist die Fähigkeit, die eigene Effizienz mithilfe anderer zu steigern. Sie können als Führungskraft nicht alles selbst tun. Wenn Ihre Mitarbeiter ihre Aufgaben effizient erledigen, haben Sie als Führungskraft gute Arbeit geleistet. Wenn Sie es schaffen, Ihre eigene Effizienz mithilfe Ihrer Mitarbeiter zu steigern und die Leistung anderer optimal zu nutzen, dann sind Sie eine wahrhaft gefragte Führungskraft. Die Entwicklung Ihrer Leute zu leistungsfähigen und selbstständigen Mitarbeitern ist der Schlüssel zu Ihrem eigenen Erfolg.

Folgende Fähigkeiten sollten Sie entwickeln:

- ✔ Sie müssen dafür sorgen, dass Ihre Mitarbeiter die gewünschten Ergebnisse bringen.
- ✔ Sie müssen Ihre Mitarbeiter dazu anhalten, für sich selbst zu denken und zu arbeiten.
- ✔ Sie müssen Ihre Mitarbeiter dazu motivieren, Verantwortung zu übernehmen und Leistung zu bringen.
- ✔ Sie müssen die Leistungen Ihrer Mitarbeiter überprüfen und mit ihnen gemeinsam Wege finden, Probleme zu bewältigen und Leistungen zu steigern, um eine produktive Arbeitsatmosphäre zu schaffen.

Törichte Annahmen über den Leser

Dieses Buch geht davon aus, dass Sie als Leser wenigstens in Grundzügen wissen, welche Aufgaben eine Führungskraft hat. Sie tragen Verantwortung für Geschäftsfunktionen und für die Leistung Ihrer Mitarbeiter – nicht nur für die eigene Leistung. Es geht weiterhin davon aus, dass die Bewertung der Mitarbeiterleistung ein wesentlicher Teil Ihres Jobs ist oder dass Sie jemand sind, der diese Verantwortung im Laufe seiner Karriere eines Tages einmal übernehmen wird.

Wie dieses Buch aufgebaut ist

Die folgenden Abschnitte bieten Ihnen eine Übersicht darüber, was Sie in den betreffenden Teilen des Buches erwartet.

Teil I: Für engagierte Mitarbeiter sorgen

Als Einstieg möchte ich, dass Sie einmal über Führung und Führungsstil nachdenken, und Ihnen erläutern, mit welchem Stil Sie welche Art von Arbeitsatmosphäre schaffen. In Kapitel 2 stelle ich Ihnen wesentliche Faktoren vor, die das Engagement Ihrer Mitarbeiter beeinflussen.

Teil II: Feedback geben und Leistungspläne erstellen

Feedback und Leistungspläne sind entscheidende Instrumente, um Mitarbeiter zu motivieren und zu besserer Leistung anzuspornen. Dieser Teil beginnt mit dem konstruktiven Feedback, das Sie anstelle von Lob oder Tadel verwenden sollten. Danach lernen Sie, Ziele zu setzen und Leistungspläne zu entwickeln.

Teil III: Mitarbeiter beurteilen im Mitarbeiter- und Bilanzgespräch

Regelmäßige und koordinierte Kommunikation zwischen Mitarbeiter und Vorgesetztem ermöglicht die Überprüfung von Leistungen und Zielen und verhindert Missverständnisse und Frustration. Hier verrate ich Ihnen, wie Sie Mitarbeitergespräche und Bilanzgespräche planen, durchführen und zur Erhöhung der Produktivität Ihrer Mitarbeiter einsetzen.

Teil IV: Mitarbeiter motivieren

Mitarbeiter zu motivieren bedeutet nicht, mitreißende Reden zu schwingen. Es bedeutet zu wissen, wie Ihre Mitarbeiter funktionieren und was sie motivieren könnte. Ich stelle Ihnen praktische Strategien und Fertigkeiten vor, mit denen Sie Mitarbeiter zu besseren Leistungen im Sinne höherer Qualität und stärkeren Engagements motivieren können.

Teil V: Der Top-Ten-Teil

Hier finden Sie abschließend Übersichten zu den zehn Fähigkeiten für eine konstruktive Mitarbeiterbetreuung und zu den zehn Verhaltensweisen, die Sie als Vorgesetzter vermeiden sollten.

Symbole, die in diesem Buch verwendet werden

Sie werden bei der Lektüre dieses Buches immer wieder auf Symbole stoßen, die Ihre Aufmerksamkeit auf einen bestimmten Punkt richten sollen.

Dieses Symbol weist auf praktische Tipps, Ideen und Strategien hin, die Ihre Coaching-Bemühungen unterstützen können.

Das Beispielsymbol weist auf eine wahre oder erfundene Geschichte hin, die einen der besprochenen Punkte illustriert oder die Erfahrungen von Führungskräften mit bestimmten Coaching-Techniken näher erläutert.

Dieses Symbol erinnert an gute Ideen und besondere Informationen, die Sie für die praktische Umsetzung der besprochenen Coaching-Theorien gut brauchen können.

Dieses Symbol dient als Warnung vor Verhaltensweisen oder Managementtechniken, die Sie abstellen sollten, weil sie ein effizientes Coaching verhindern.

Teil I

Für engagierte Mitarbeiter sorgen

»Ich habe nur diese begeisternde Motivationsrede gehalten, die ich noch aus meiner Zeit als Boxtrainer kenne. Danach sind sie alle aufgesprungen und haben sich gegenseitig K.o. geschlagen.«

In diesem Teil ...

Es ist der Wunsch jedes Vorgesetzten, dass seine Mitarbeiter möglichst motiviert und engagiert sind. In diesem Teil erläutere ich Ihnen, mit welchem Führungsstil Sie genau dies erreichen. Außerdem zeige ich Ihnen, welche Faktoren bei der Schaffung eines konstruktiven Betriebsklimas eine wesentliche Rolle spielen, und mache Sie mit den Säulen des Mitarbeiterengagements vertraut.

1 Mit richtiger Führung für engagierte Mitarbeiter sorgen

In diesem Kapitel

- ✔ Möglichkeiten zur Förderung des Mitarbeiterengagements
- ✔ Kooperative und nachdrückliche Führung

Wenn Sie Vorgesetzte fragen, ob sie sich Mitarbeiter mit viel Engagement wünschen, wird die Antwort mit Sicherheit ein einstimmiges Ja sein.

Mitarbeiter mit einem hohen Maß an Engagement erkennt man daran, mit wie viel Hingabe sie sich ihren Aufgaben stellen und wie sie zum Unternehmen eingestellt sind. Sie sind diejenigen, die hart arbeiten, die die Arbeit vorantreiben und die nur dann zufrieden sind, wenn sie Topergebnisse bringen. Diese Mitarbeiter werden auch die Firma nicht so schnell wieder verlassen.

Ziel eines jeden Vorgesetzten sollte es sein, für engagierte Mitarbeiter zu sorgen, die ihre Arbeit effizient erledigen und Topleistungen bringen.

Allerdings ist es keine leichte Angelegenheit, ein hohes Maß an Engagement bei Mitarbeitern zu erreichen. Dieses Kapitel zeigt Ihnen, wie Sie mit dem richtigen Führungsstil das Engagement Ihrer Mitarbeiter beeinflussen können, bevor ich dann in Kapitel 2 zu den wichtigsten Faktoren für ein produktives Arbeitsklima komme.

Persönliche oder positionsbedingte Einflussnahme

Nach der in diesem Buch verwendeten Definition bedeutet *Einflussnahme*, dass man eine bestimmte Wirkung auf andere Menschen und auf Ergebnisse ausübt.

Negativ betrachtet, kann Einflussnahme Manipulation und Nötigung bedeuten. Aus positiver Sicht bedeutet Einflussnahme, dass Sie Ihren Einfluss zur Bildung von Mehrwert geltend machen. Und wenn Vorgesetzte führen, dann nehmen sie Einfluss – im positiven oder negativen Sinn.

Laissez-faire-Führungsstil

Obwohl Vorgesetzte die Führungspersönlichkeiten eines Unternehmens sein sollten, üben viele Vorgesetzte überhaupt keine Führung aus. Viele Vorgesetzte pflegen einen Laissez-faire-Führungsstil. Das heißt: Sie mischen sich nicht ein und verhalten sich passiv. Diese Art von Vorgesetzten hat in der Regel wenig Einfluss auf die Mitarbeiter.

Einfluss lässt sich auf folgende Weise ausüben: durch persönliche oder durch positionsbedingte Einflussnahme.

In den nächsten beiden Abschnitten zeige ich, wie die beiden Arten der Einflussnahme funktionieren. In Tabelle 1.1 gebe ich Ihnen außerdem eine Übersicht darüber, wie Führungskräfte ihren positionsbedingten Einfluss ausüben.

Führung durch positionsbedingte Einflussnahme	**Führung durch persönliche Einflussnahme**
Der/die Vorgesetzte baut auf seine/ihre Autorität.	Der/die Vorgesetzte zeigt persönliche Qualitäten.
Er/sie trachtet danach, die Befehlskette aufrechtzuerhalten.	Er/sie versucht, gute Arbeitsbeziehungen aufzubauen.
Er/sie will Kontrolle ausüben.	Er/sie versucht, Mitarbeiter zu beteiligen.
Wahrscheinliches Ergebnis: Gehorsam	Wahrscheinliches Ergebnis: Engagement

Tabelle 1.1: Einflussnahme als Führungskraft

Führung durch positionsbezogene Einflussnahme

Führungsfunktionen in Unternehmen sind Autoritätspositionen. Führungskräfte, die positionsbezogenen Einfluss ausüben, halten ihren Titel für wichtig und erwarten von ihren Mitarbeitern, dass sie ihre Autorität respektieren. Für Führungskräfte, die positionsbezogenen Einfluss ausüben, ist die Autorität – und die Ausnutzung derselben – das Mittel, mit dem sich die besten Ergebnisse erzielen lassen. Vorgesetzte, die auf positionsbezogenen Einfluss setzen, haben in der Regel folgende Ziele:

- ✔ **Sie wollen die Befehlskette aufrechterhalten:** Unternehmen und öffentliche Institutionen sind seit jeher hierarchisch strukturiert. Bei Vorgesetzten, die ihren Einfluss auf der eigenen Position begründen, muss die Führungshierarchie in jedem Fall eingehalten und respektiert werden – und der Respekt beginnt dabei bei der eigenen Person.
- ✔ **Sie wollen Kontrolle ausüben:** Für sie läuft es dann am besten, wenn alles unter ihrer Kontrolle ist und so geschieht, wie sie es wollen. In den von ihnen geführten

Teams genehmigen sie die Entscheidungen und liefern die Lösungen für die meisten Probleme. Die Extremform dieser Art von Führungskräften wird von den Mitarbeitern als Kontrollfreak bezeichnet.

Kontrolle ist nicht unbedingt negativ

Natürlich müssen Führungskräfte den Arbeitsfortschritt überwachen, müssen wissen, ob alles in Ordnung und unter Kontrolle ist, und zusammen mit ihren Mitarbeitern notwendige Modifikationen durchführen. Die meisten Angestellten haben gegen diese Art der Organisation und Kontrolle nichts einzuwenden. Mit Chaos können sie nichts anfangen, aber genauso wenig können sie etwas mit Führungskräften anfangen, die es mit der Kontrolle übertreiben.

- **Sie wollen Gehorsam erzwingen:** Das Ergebnis dieser Art von Einflussnahme ist Gehorsam. Die Leute machen (nur) das, was ihnen gesagt wird. Die Arbeit wird erledigt, und manchmal (aber nur selten) gibt es sogar so etwas wie ausgezeichnete Leistungen.

Führung durch persönliche Einflussnahme

Schauen wir uns jetzt einmal an, wie es anders funktionieren könnte. Führungskräfte, die ihren *persönlichen Einfluss* geltend machen, versuchen, den Respekt ihrer Mitarbeiter zu gewinnen, und erwarten ihn nicht allein wegen ihrer Position.

Dazu demonstrieren sie Charakterzüge und Verhaltensweisen wie etwa Ehrlichkeit oder Respekt gegenüber anderen. Sie verfolgen mit der Ausübung des persönlichen Einflusses folgende Ziele:

- **Sie wollen gute Arbeitsbeziehungen aufbauen:** Sie bauen positive Arbeitsbeziehungen zu ihren Mitarbeitern auf und kümmern sich weniger darum, wer welche Befugnisse im Unternehmen hat. Sie versuchen, die beruflichen und persönlichen Qualitäten ihrer Mitarbeiter kennenzulernen.

Der Schwerpunkt liegt hier auf dem Aufbau guter *Arbeitsbeziehungen*, nicht etwa auf der Entwicklung *persönlicher Beziehungen*. Diese Vorgesetzten wissen, dass die Kenntnis der beruflichen und persönlichen Facetten eines Mitarbeiters bei der Zusammenarbeit mit ihm helfen kann. Sie schaffen es, freundlich mit ihren Teammitgliedern umzugehen, ohne krampfhaft zu versuchen, Freundschaft mit den Mitarbeitern zu schließen. Ein freundlicher Chef ist etwas anderes als ein Boss, der ein Freund sein will.

- **Sie wollen den Mitarbeiter an Entscheidungen beteiligen:** Sie ermutigen die Mitarbeiter, den Job als eigenen anzunehmen. Das heißt: Sie delegieren Verantwortung, bieten die notwendige Unterstützung und Anleitung und erwarten entsprechende Ergebnisse. Mitarbeiterbeteiligung und -initiative sind erwünscht. Diese Führungskräfte üben ihre Kontrolle dadurch aus, dass sie ihre Mitarbeiter entsprechend der ihnen zugewiesenen Verantwortung selbstständig agieren lassen.
- **Sie stärken das Engagement ihrer Mitarbeiter:** Führungskräfte, die positive persönliche Eigenschaften demonstrieren, konstruktive Arbeitsbeziehungen aufbauen und die Mitarbeiterautonomie durch die

Delegation von Verantwortung stärken, erhöhen die Wahrscheinlichkeit, als Ergebnis Mitarbeiterengagement zurückzubekommen. Eine Mitarbeiterführung in dieser Art führt dazu, dass die Mitarbeiter ihren Vorgesetzten respektieren. Die meisten Leute arbeiten wohl lieber für jemanden, der sie kennt und sich um sie kümmert und ihnen gleichzeitig Herausforderungen und Entwicklungsmöglichkeiten bietet. Eine derartige Umgebung ist der beste Nährboden für Mitarbeiterengagement.

Engagement oder Gehorsam

Je mehr ein Vorgesetzter versucht, Gehorsam zu erzwingen und positionsbezogenen Einfluss auszuüben, desto stärker werden die Mitarbeiter mit verschiedenen Arten des Widerstandes reagieren.

Wenn der Vorgesetzte auf Gehorsam setzt, werden die Untergebenen gerade mal das Minimum leisten, wenig Initiative zeigen und den Vorgesetzten dafür verantwortlich machen, wenn etwas schiefgeht, sich zurücklehnen und selbst nur wenig Verantwortung übernehmen. Diese Mitarbeiter tun zwar, was ihnen gesagt wird, werden sich aber wenig bemühen und nicht die von ihnen gewünschten und benötigten Ergebnisse bringen.

Das Wecken ihres Engagements ist die beste Lösung, um Mitarbeiter bei der Stange zu halten und für Produktivität zu sorgen. Sind die Mitarbeiter engagiert, werden sie kreativ sein, gute Arbeitsmoral zeigen, bereit sein, Verantwortung zu übernehmen, und viel zu leisten.

Faktoren für ein konstruktives Arbeitsklima 2

In diesem Kapitel

- ✔ Der beispielhafte Vorgesetzte
- ✔ Die Säulen des Mitarbeiterengagements
- ✔ Mitarbeiter beurteilen

Nachdem ich Sie in Kapitel 1 dazu angeregt habe, über den richtigen Führungsstil nachzudenken, wird es jetzt etwas konkreter. Ich zeige Ihnen zunächst, wie Sie als mustergültiger Vorgesetzter mit gutem Beispiel vorangehen und sich einen guten Ruf erarbeiten.

Dann verrate ich Ihnen die fünf Säulen des Mitarbeiterengagements – worauf die Motivation (oder Demotivation) Ihrer Mitarbeiter basiert.

Den Ton angeben

Einer der wichtigsten Aspekte der Führungsaufgabe eines Vorgesetzten besteht darin, *den Ton* oder *die Stimmung* anzugeben. Als Vorgesetzter ist es wichtig für Sie zu erkennen, dass Ihr eigenes Verhalten den Maßstab für das Verhalten und die Gesamtleistung des von Ihnen geführten Teams setzt.

Mit anderen Worten: Wie Ihre Mitarbeiter arbeiten und sich verhalten, ist ein Reflex darauf, wie Sie als Vorgesetzter arbeiten und sich verhalten.

- ✔ Nennen Sie mir einen Vorgesetzten, der ein Problem nicht angeht, sondern lieber jemanden sucht, dem er die Schuld geben kann, und ich zeige Ihnen eine Gruppe von defensiven Mitarbeitern, die nicht in der Lage sind, die kleinste eigene Entscheidung zu treffen.

- Nennen Sie mir einen Vorgesetzten, der sich offen darüber beklagt, Vorgesetzter zu sein, wann immer er sich über etwas an seinem Job ärgert, und ich zeige Ihnen eine Arbeitsgruppe, die sich ebenfalls lauthals über alles Mögliche beschwert – am lautesten aber über ihren Vorgesetzten.

Diese Beispiele zeigen, wie die Rolle als Stimmungsmacher auf Sie als Vorgesetzter zurückschlagen kann. Sie müssen sich immer im Klaren darüber sein, dass Ihre eigenen Fehler und Schwächen von Ihren Mitarbeitern multipliziert werden.

Ein Vorgesetzter, der mit gutem Beispiel vorangeht,

- hört zu, versteht und gibt keine vorschnellen Urteile ab,
- hält sich an seine Versprechen,
- interessiert sich für die Mitarbeiter als Persönlichkeit,
- arbeitet produktiv und hält Termine ein,
- ist flexibel und offen,
- behandelt andere mit Respekt,
- bleibt auch unter Druck ruhig,
- kümmert sich rechtzeitig und auf konstruktive Art um Probleme,
- gibt Informationen weiter und hält sich auf dem Laufenden,
- arbeitet mit anderen zusammen,

- ✔ handelt lösungsorientiert und sucht die Schuld nicht bei anderen,
- ✔ anerkennt die guten Leistungen anderer,
- ✔ ist ehrlich und integer,
- ✔ zeigt Begeisterung für die Arbeit des Einzelnen und die des Teams,
- ✔ kommt pünktlich zu Besprechungen und anderen Anlässen,
- ✔ legt Wert auf Interaktion.

Wie man in den Wald hineinruft, …

Wenn Sie diese Verhaltensweisen zur regelmäßigen Übung werden lassen, werden sie Ihnen den Respekt Ihrer Mitarbeiter einbringen. Noch wichtiger: Mit diesen Verhaltensweisen gewinnen Sie Einfluss als Vorgesetzter – der erste Schritt auf dem Weg zu engagierten Mitarbeitern. Es ist immer einfacher, von den Mitarbeitern Topleistungen zu verlangen, wenn Sie sich selbst um Spitzenleistungen bemühen.

Die Säulen des Mitarbeiterengagements

Nun dürfte Ihnen klar geworden sein, was Sie tun können, um selbst mit gutem Beispiel voranzugehen. Doch dies ist nur eine Voraussetzung und in Wahrheit ist die Angelegenheit etwas komplizierter. Nach meinem Modell basiert das Engagement Ihrer Mitarbeiter auf fünf Säulen.

1. **Fokus:** Bei einer deutlichen Fokussierung wissen die Mitarbeiter, was sie mit ihrer Arbeit erreichen sollen und was von ihnen erwartet wird und sie sind sich der Werte der Abteilung oder des Unternehmens bewusst. Sie kennen die Ziele und Prioritäten der Abteilung.

2. **Beteiligung:** Wenn diese Säule stark ist, merken die Mitarbeiter, dass sie bei den Angelegenheiten, die ihre tägliche Routinearbeit betreffen, mitreden können. Sie wirken bei der Planung, bei der Lösung von Problemen und bei der Entscheidungsfindung im Rahmen ihrer Verantwortungsbereiche mit. Sie fühlen sich beteiligt.

3. **Entwicklung:** Wenn diese Säule stark ist, werden die Mitarbeiter ermutigt, Möglichkeiten zum Lernen zu nutzen. Diese reichen von Schulungsmaßnahmen bis hin zu Diskussionen zwischen Mitarbeiter und Vorgesetztem.

4. **Anerkennung:** Wenn diese Säule trägt, werden die Bemühungen, gute Leistungen zu erreichen, zur Kenntnis genommen. Wie bei den anderen Säulen kann auch die Art und Weise, wie die Anerkennung ausgedrückt wird, sowohl formell als auch informell sein. In jedem Fall aber sollte das, was die Mitarbeiter geleistet haben, regelmäßig gewürdigt werden.

5. **Verantwortung:** Wenn diese Säule stark ist, geben Sie den Mitarbeitern Aufgaben und die notwendige Autorität, diese auch eigenverantwortlich durchzuführen. Dadurch wird in ihnen der Wunsch geweckt, Spitzenergebnisse zu erzielen. Die Mitarbeiter bringen Spitzenleistungen nicht deshalb, weil sie von ihnen erwartet werden, sondern – was viel wichtiger ist – weil sie das gute Gefühl erleben wollen, etwas geschafft zu haben.

Teil II

Feedback geben und Leistungspläne erstellen

»Ich möchte, dass Sie bei unserem Gespräch über Ihre Leistungen ganz entspannt sind.«

In diesem Teil ...

In diesem Teil stelle ich Ihnen zunächst einmal die drei grundlegenden Schritte zur Mitarbeiterbeurteilung vor. Dann komme ich auch schon zu zwei Instrumenten, mit deren Hilfe Sie die Leistung Ihrer Mitarbeiter positiv und in Richtung besserer Ergebnisse nachhaltig beeinflussen können: das konstruktive Feedback und die Entwicklung von Leistungsplänen.

Mitarbeiter beurteilen – Anleitung für konstruktives Feedback

3

In diesem Kapitel

- Mitarbeiter beurteilen
- Der Unterschied zwischen konstruktivem Feedback und Lob oder Kritik
- Leistungsbezogenes Feedback

Mitarbeiterbeurteilungen beeinflussen alle fünf Säulen des Mitarbeiterengagements. Beim Beurteilen von Mitarbeitern geht es nicht darum, ihnen schlicht eine sehr gute, gute, befriedigende oder gar schlechte Arbeit zu bescheinigen. Es geht hier nicht um Noten.

Mitarbeiterbeurteilungen haben letztlich immer den Zweck, die Leistung des einzelnen Mitarbeiters und damit die Leistung des Teams und die Leistung des Unternehmens zu steigern und zu optimieren.

Vorgesetzte sollten ihren Mitarbeitern regelmäßig ein Feedback geben, wie sie deren Leistungen einschätzen. Oder sie sollten ihnen rechtzeitig mitteilen, dass irgendetwas falsch gelaufen ist. (Es passiert die ganze Zeit über viel zu viel, um nur einmal pro Jahr darüber zu sprechen.)

Drei Schritte zur Beurteilung

Mitarbeiterbeurteilungen lassen sich innerhalb des Beurteilungszeitraums (ein Jahr oder sechs Monate) in drei Stufen unterteilen:

- **Stufe 1 – Planung:** Auf dieser Stufe erstellen Vorgesetzter und Mitarbeiter gemeinsam die Leistungspläne, die den Mitarbeiter auf die Ergebnisse ausrichten, die erzielt werden sollen. Leistungspläne enthalten drei wichtige Bestandteile:
  - Ziele und Standards
  - Maßnahmenpläne
  - Mittel sowie Verfahren zur Messung des Erfolgs
- **Stufe 2 – Feedback, regelmäßige Überprüfungen, Dokumentation:** Zu dieser Stufe gehört ein regelmäßiges Gespräch über die Leistung des Mitarbeiters, begleitet von positivem und negativem Feedback. Sie führen außerdem regelmäßige Leistungskontrollbesprechungen durch, in denen Sie den Fortschritt von Projekten, Aufträgen und den Gesamtleistungsplan beurteilen und eventuell erforderliche Neuplanungen durchführen, um möglicherweise geänderten Prioritäten Rechnung zu tragen.

Verlassen Sie sich nicht auf Ihr Gedächtnis

Sie als Vorgesetzter dokumentieren, was Sie an Feedback-Informationen gegeben haben und welche Beurteilungsgespräche Sie geführt haben, damit Sie sich nicht allein auf Ihr Gedächtnis verlassen müssen, wenn Sie diese Informationen benötigen. Wie das alte Sprichwort schon sagt: Ein kurzer Bleistift ist immer noch besser als das beste Gedächtnis.

- ✔ **Stufe 3 – Zusammenfassung:** Auf dieser Stufe fassen Sie die während des ganzen Jahres geführten Diskussionen und Feedback-Gespräche zusammen, schreiben die Beurteilung und besprechen sie mit dem betreffenden Mitarbeiter. Die Beurteilung sagt Ihnen, inwieweit der Mitarbeiter die im Leistungsplan in Stufe 1 festgelegten Ergebnisse geliefert hat. In der Besprechung zur Leistungsbeurteilung können Sie über die Leistungen des vergangenen Zeitraums diskutieren. Darüber hinaus bietet sie aber auch Gelegenheit, einen Blick in die Zukunft zu tun und Ideen für neue Ziele und die berufliche Weiterentwicklung zu besprechen, die schließlich und endlich die Richtung für die Leistungspläne des nächsten Zeitraums bestimmen. Der Zyklus beginnt hier also von vorne.

Wenn Sie als Vorgesetzter Leistungsbeurteilungen als Teil der laufenden Arbeit betrachten, ist Stufe 3 des Prozesses ein Kinderspiel. Da die Leistungskriterien vorher festgelegt und Fortschritte im Zuge eines Projekts informell (in den Stufen 1 und 2) bewertet werden, ist das Verfassen der jährlichen oder halbjährlichen Leistungsbilanz ziemlich einfach: Sie wissen genau, was sich in puncto Leistung Ihres Mitarbeiters getan hat, und dieser wiederum weiß, dass Sie es wissen. Was aber am wichtigsten ist: Die Mitarbeiter wissen genau, woran sie sind. Überraschungen bei den Beurteilungen sind nicht zu befürchten, und eine ehrliche Bewertung findet ebenfalls statt.

Wenn Sie bis zum Ende des Beurteilungszeitraums warten, um sich schließlich eingehend mit der Leistung Ihrer Mitarbeiter auseinanderzusetzen, wird die Beurteilung zu einem mühseligen Prozess. Wenn Sie Ihre Beurteilungen nicht rechtzeitig fertigstellen, riskieren Sie, Ihren Mitarbeitern die falschen Signale zu senden – dass nämlich deren Leistungen Ihnen nicht wichtig genug sind.

Unregelmäßig geführte Diskussionen und nur gelegentliche Feedbackgespräche und die fehlende Dokumentation dessen, was geschehen ist, zwingt Vorgesetzte dazu, sich beim Verfassen der Leistungsbeurteilung auf ihr Gedächtnis zu verlassen. Sie können in diesem Fall nur das niederschreiben, an das sie sich noch erinnern – was meistens in den letzten beiden Monaten liegen wird. Der Rest des Jahres bleibt weitestgehend unberücksichtigt.

Sie wollen nicht nur gelegentliche Anstrengungen sehen!

Einige Mitarbeiter werden schnell bemerken, dass ihr Vorgesetzter sich nicht so sehr auf regelmäßige Kommunikation und die eigene Dokumentation stützt, sondern sich auf sein Gedächtnis verlassen muss. Ein oder zwei Monate vor der Leistungsbeurteilung werden deshalb deren Leistungen in die Höhe schnellen. Nachdem sie dann ein gute Beurteilung und manchmal sogar eine Gehaltserhöhung erhalten haben, schalten sie wieder einen Gang zurück. Würden Sie das als effiziente Strategie bezeichnen?

Nach diesem Schnelldurchlauf durch die Schritte bei der Mitarbeiterbeurteilung möchte ich Sie zunächst einmal beruhigen: Keine Angst, ich werde in den Teilen II und III dieses Buches ausführlich auf die einzelnen Schritte eingehen.

Entgegen meiner vorgeschlagenen Reihenfolge der Stufen zur Mitarbeiterbeurteilung möchte ich zunächst zum leistungsbezogenen, konstruktiven Feedback kommen und behandle die Leistungspläne in den Kapiteln 5 und 6. Es ist sinnvoll, dass Sie sich durch konstruktives Feedback erst einmal eine Grundlage schaffen, auf der Sie anschließend Ihre Leistungspläne erstellen können. Sind die Leistungspläne einmal erstellt, gibt es damit eine Grundlage für Ihr Feedback. Sie sehen: Leistungspläne und Feedback bauen aufeinander auf und bilden einen Kreislauf, der keinen Anfang und kein Ende kennt.

Leistungsbezogenes Feedback geben

Eine der wirkungsvollsten Techniken, die Sie bei der Mitarbeiterbeurteilung und -motivation einsetzen können, ist das leistungsbezogene Feedback. Damit sind die Informationen gemeint, die Sie einem Mitarbeiter dazu geben, wie Sie seine Leistungen einschätzen. Mit diesem Feedback teilen Sie dem Mitarbeiter mit, ob er den Job gut erledigt hat oder ob seine Leistungen verbesserungswürdig sind.

Feedback geben ist mit vielen anderen Ihrer Aufgaben als Vorgesetzter verbunden. So besteht effektive Aufgabendelegation zum Teil auch darin, dem betreffenden Mitarbeiter ein Feedback darüber zu geben, wie gut er seine Aufgabe erledigt hat. Ein Teil der Ausbildung Ihrer Mitarbeiter und der Anweisungen, die Sie ihnen geben, besteht darin, sie beim Kennenlernen neuer Aufgaben und Techniken mit Ihrem Feedback zu begleiten.

Viele Vorgesetzte machen den Fehler, ihren Mitarbeitern nicht direkt mitzuteilen, wie es um deren Leistungen bei der Erfüllung einer bestimmten Aufgabe steht. Leistungsbezogenes Feedback erfolgt im Gegensatz dazu direkt und ohne Verzögerung. Das bedeutet: Sie lassen die Mitarbeiter sofort wissen, wie effektiv sie bestimmte Aufgaben ausgeführt oder bestimmte Ergebnisse erzielt haben. In diesem Kapitel werden Sie lernen, wie man leistungsbezogenes Feedback gibt.

Konstruktives Feedback versus Lob und Kritik

Leistungsbezogenes Feedback kann Ausdruck Ihrer Sorgen vermitteln Sie, welche Bedeutung die Angelegenheit für Sie hat, und verleihen Ihrer Botschaft den gewissen Touch von Ehrlichkeit. Der Ausdruck von Ärger, Frustration, Enttäuschung oder Sarkasmus führt leicht zu einer Verfälschung der Botschaft und lässt den Versuch eines negativen Feedbacks leicht in bloße Kritik ausarten.

- ✔ *Konstruktives Feedback* ist informations- sowie problemorientiert und basiert auf Beobachtungen. Zwei Varianten sind möglich:
  - Mit dem *positiven Feedback* teilen Sie dem Mitarbeiter mit, welche Aufgaben er gut erledigt hat.
  - Mit dem *negativen Feedback* teilen Sie dem Mitarbeiter mit, welche Punkte verbesserungswürdig sind. Negatives Feedback bedeutet nicht, dass die Leistung abgrundtief schlecht war, sondern bezieht sich auf eine Leistung, bei der die Ergebnisse besser hätten sein können. In diesem Fall hat der Begriff *negativ* keine negative Bedeutung.

- *Lob* und *Kritik* sind persönliche Urteile über eine bestimmte Leistung oder ein Ergebnis, wobei Lob ein positives Urteil und Tadel ein negatives Urteil bedeutet. Die damit gelieferten Informationen sind vage und allgemein gehalten, konzentrieren sich auf die Person und basieren auf Meinungen und Gefühlen.

Die folgenden Beispiele zeigen die Unterschiede zwischen konstruktivem Feedback (positiv und negativ) und Lob oder Tadel.

- **Lob:** Sie haben bei diesem Projekt gute Arbeit geleistet. Weiter so!
- **Positives Feedback:** Ihr Beitrag zu diesem Projekt war eine große Hilfe. Mir ist aufgefallen, dass Sie gründliche und sorgfältige Arbeit geleistet haben. Wann immer ich Hilfe bei der Koordination des Teams und des Projektablaufplans brauchte, waren Sie bereit und gaben mir Ihre Unterstützung. Dadurch konnte das Projekt immer im Terminplan gehalten werden. Wenn Teammitglieder Fragen hatten, hatten Sie die Antworten parat. Vielen Dank für Ihre Arbeit, die zum Erfolg des Projekts entscheidend beigetragen hat.
- **Kritik:** Sie waren bei diesem Projekt keine große Hilfe. Ich hoffe, das war nicht das Beste, was Sie leisten können.
- **Negatives Feedback:** Ich möchte Ihnen gerne erzählen, welche Bedenken ich hinsichtlich Ihres Beitrags zu diesem Projekt habe. Wie ich zu Beginn des Projekts erwähnte, sollten Sie beim Projektmanagement helfen und insbesondere die Teammitglieder auf deren

> Aufgaben und den Gesamtfahrplan konzentrieren. Von Koordination habe ich bei Ihnen nicht viel gemerkt.
>
> So kamen zum Beispiel viele Teammitglieder mit termin- und aufgabenbezogenen Fragen zu mir, weil sie von Ihnen keine Antwort bekommen konnten. Mir ist aufgefallen, dass Sie meistens mit Ihrem Teil des Projekts beschäftigt waren. Jede Besprechung, bei der Sie mich vertreten haben, endete ohne Handlungsanweisungen oder andere konkrete Ergebnisse. Verzögerungen sind eingetreten, die wir jetzt in einer gemeinsamen Anstrengung aller Teilnehmer ausgleichen müssen.

Die beiden konstruktiven Feedback-Kommentare sind weitaus objektiver gehalten, sind genauer als Lob oder Tadel und stellen kein Urteil dar. Da das konstruktive Feedback auf Beobachtungen hinsichtlich bestimmter Probleme im Zusammenhang mit der Leistung des betreffenden Mitarbeiters basiert, kann es weder falsch noch richtig sein. Konstruktives Feedback soll eine Diskussion anregen. Als Ergebnis werden Sie und Ihr Mitarbeiter mehr über die Situation erfahren und bei Bedarf einen Plan entwerfen können.

Warum Lob nicht produktiv ist

Lob oder Tadel werden keine Diskussion anregen. Auch wenn es gegen Lob eigentlich nichts einzuwenden gibt – denn welcher Mitarbeiter hört nicht gerne, dass er gute Arbeit geleistet hat –, wird es doch häufig als hohl und substanzlos empfunden. (Ein Beispiel finden Sie im Kasten »Weiter so, Leute!« weiter unten.)

Manche Vorgesetzte versuchen, ihre Kritik durch folgende Einleitung etwas abzuschwächen: »Nehmen Sie das bitte nicht persönlich, aber ...« Sie können sicher sein, dass der betreffende Mitarbeiter nach diesem Satz sofort in Verteidigungsstellung geht.

Wie beim Lob, in dem keine Einzelheiten angegeben werden, führt auch Kritik häufig zu einem Streit zwischen Vorgesetztem und Mitarbeiter darüber, wessen Meinung richtig oder falsch sei. Da als Basis für den Beitrag – der ausschließlich auf einem persönlichen Urteil basiert – keine Beobachtungen angeführt werden, kann der Empfänger nur schwer verstehen, in welchen Punkten er seine Leistung verbessern muss. Das Ergebnis wird deshalb in den meisten Fällen darin bestehen, dass der Kritisierte eine defensive Haltung einnimmt.

BEISPIEL

Weiter so, Leute!

Um ihre Leute anzufeuern, machen manche Vorgesetzte regelmäßig ihre Runde bei ihren Mitarbeitern und beglückwünschen sie zu ihren Leistungen, was dann ungefähr nach folgendem Muster abläuft: »Gute Arbeit, Herr Peters!«, »Toll gemacht, Frau Sauer!« und »Sie sind nicht zu schlagen, Herr Martin!« Stellen Sie sich vor: Bei einer dieser Runden fragt ihn einer seiner Mitarbeiter: »Was ist denn nun eigentlich so gut an meiner Leistung?« Der Vorgesetzte wird kurz stutzen und dann antworten: »Sie sind einfach ein guter Mitarbeiter, Punkt! Weiter so!« Wahrscheinlich wird er sich danach schnell wieder in sein Büro zurückziehen.

Dieser Vorgesetzte könnte vielleicht einen Preis für Lobhudelei gewinnen, aber seinen Mitarbeitern werden seine Worte sehr wenig sagen. Vielleicht werden sie sich sogar fragen, ob er überhaupt gemerkt hat, was tatsächlich geleistet wurde.

Konstruktives Feedback – eine Schritt-für-Schritt-Anleitung

Die Regeln für konstruktives Feedback sind in der positiven wie in der negativen Variante die gleichen. Beide Methoden lassen sich in jeweils vier Kategorien unterteilen – Inhalt, Art und Weise, Zeitpunkt sowie Häufigkeit –, die alle in den folgenden Abschnitten behandelt werden.

Inhalt eines Feedbacks

Unter Inhalt ist das zu verstehen, *was* im konstruktiven Feedback gesagt wird.

1. **Beschreiben Sie das Thema.**

   Beschreiben Sie in Ihrem ersten Satz das Thema oder das Problem, um welches es bei dem Feedback gehen soll. Beispiel: »Ich würde mit Ihnen gerne den Fortschritt des ABC-Projekts besprechen.« Das ABC-Projekt ist in diesem Fall das Thema des Feedback-Gesprächs.

2. **Beschreiben Sie die Einzelheiten des zu besprechenden Themas.**

   Geben Sie Beispiele oder teilen Sie Ihre Beobachtungen dessen mit, was Ihnen hinsichtlich der Leistung des Mitarbeiters aufgefallen ist. (Ohne diese Details würde das

Gespräch nur aus Lob oder Tadel bestehen.) Beginnen Sie jeden einzelnen Punkt mit »Ich«, wie beispielsweise mit »Ich habe bemerkt, dass …«. Wenn es erforderlich ist, können Sie auch die von anderen gelieferten Beobachtungen weitergeben. Beispiel: »Mir ist berichtet worden, dass …« »Ich«-Nachrichten helfen Ihnen, sich aufs Thema zu konzentrieren und die Details zu beschreiben.

Art und Weise eines Feedbacks

Mit Art und Weise ist gemeint, *wie* Sie das konstruktive Feedback geben. Wie Sie wissen, ist die Art und Weise, wie etwas gesagt wird, meistens wichtiger, als das, was gesagt wird. Die Art und Weise ist ein wichtiges Element des Feedbacks.

✔ **Seien Sie direkt bei der Übermittlung Ihrer Botschaft.** Bringen Sie die Sache auf den Punkt und schleichen Sie nicht wie die Katze um den heißen Brei herum. Viele Vorgesetzte neigen beim negativen Feedback zu diesem Verhalten.

✔ **Vermeiden Sie Sätze, die mit »Du musst« oder »Sie müssen« beginnen,** wie etwa »Sie müssen Ihre Berichte rechtzeitig einreichen und vorher auf Tippfehler überprüfen«. Diese Botschaft ist kein leistungsbezogenes Feedback, weil sie impliziert, dass irgendetwas falsch gemacht wurde. Aber der Sinn des Feedbacks liegt darin, klar zu bezeichnen, *was* verbesserungswürdig ist.

✔ **Seien Sie ehrlich und vermitteln Sie keine widersprüchlichen Botschaften.** Ehrlichkeit bedeutet in diesem Fall, dass Sie auch meinen, was Sie sagen. Widersprüchliche Botschaften beginnen meistens folgendermaßen: »Herr Ruf, Sie haben sehr hart an diesem

Projekt gearbeitet, aber ...« Daran schließt sich dann meistens an, was die betreffende Person nicht richtig gemacht hat – das eigentliche Thema der Botschaft.

Anzeichen für Widersprüche

Der Versuch, zunächst einmal nett zu sein und die Botschaft in Watte zu packen, schlägt danach ins Gegenteil um, und die Ehrlichkeit bleibt auf der Strecke. Die Worte »aber«, »jedoch« und »obwohl« in der Mitte eines Satzes führen zu Widersprüchen. Das Wort »aber« in der Mitte eines Satzes sagt dem Gesprächspartner eigentlich, dass er alles vorher Gesagte am besten gleich wieder vergessen sollte.

✔ **Drücken Sie bei einem positiven Feedback Ihre Anerkennung aus.** Anerkennung lässt sich sehr unterschiedlich ausdrücken:

- »Gute Arbeit.«
- »Vielen Dank für Ihren Beitrag zu diesem Projekt.«
- »Vielen Dank für die Arbeit, die Sie in diesem Projekt geleistet haben.«

Anerkennung allein wäre nichts anderes als Lob. Wenn Sie diese Anerkennung aber mit den einzelnen Punkten des konstruktiven Feedbacks verbinden, gewinnt Ihre Botschaft an Ehrlichkeit.

So wird's gemacht

Schauen Sie sich das folgende Beispiel an:

»Frau Sauer, wir hatten in der letzten Woche einige Rückstände. Ich habe bemerkt, dass Sie, ohne extra gefragt worden zu sein, eingesprungen sind und Herrn Ruf bei der Aufarbeitung geholfen haben. Ihre Behandlung der laufenden Angelegenheiten, während Herr Ruf die Rückstände abgearbeitet hat, hatte guten Erfolg und war ein Beispiel für gutes Teamwork. Ihre Arbeit war außerdem sehr genau und in allen Punkten korrekt. Vielen Dank für Ihre Hilfe. Ihre Initiative war für das Team sehr wertvoll.«

In diesem Beispiel drücken die letzten beiden Sätze nach dem eigentlichen Inhalt des konstruktiven Feedbacks Anerkennung aus. Sie verstärken außerdem den Zweck des positiven Feedbacks – nämlich den Mitarbeiter zu weiteren guten Leistungen zu motivieren. Verhaltensweisen, die gelobt werden, werden auch wiederholt. Würdigen Sie deshalb die richtigen Verhaltensweisen.

✔ **Drücken Sie beim negativen Feedback Ihre Sorgen aus.** Durch den Ausdruck Ihrer Sorgen vermitteln Sie, welche Bedeutung die Angelegenheit für Sie hat, und verleihen Ihrer Botschaft den gewissen Touch von Ehrlichkeit. Der Ausdruck von Ärger, Frustration, Enttäuschung oder Sarkasmus führt leicht zu einer Verfälschung der Botschaft und lässt den Versuch eines negativen Feedbacks leicht in bloße Kritik ausarten.

Der Zweck des negativen Feedbacks liegt gerade darin, ein Bewusstsein zu schaffen, das Leistungsverbesserungen bewirken kann. Wenn Sie ein negatives Feedback nicht so geben können, dass es dem Mitarbeiter helfen kann, wenn Sie nicht die richtige Sprache und den richtigen Tonfall finden können, würden Sie dessen Zweck vereiteln.

- **Geben Sie Ihr Feedback direkt und nicht über irgendein Medium.** Konstruktives Feedback ist vom Wesen her verbal und informell. Sie können dazu direkt mit dem betreffenden Mitarbeiter reden – im direkten Gespräch oder am Telefon, wenn es anders nicht möglich ist. E-Mail und Anrufbeantworter funktionieren in diesem Fall nicht, weil sie kein Gespräch erlauben. Außerdem lässt sich die Botschaft nicht mit der gebotenen Ehrlichkeit vermitteln – egal, ob es sich um ein positives oder ein negatives Feedback handelt. Ein Feedback-Gespräch sollte immer direkt mit dem Betroffenen geführt werden. Versuchen Sie es – die meisten Mitarbeiter beißen nicht.
- **Geben Sie Ihre Beobachtungen wieder.** Beobachtungen sind das, was Sie gesehen haben. Interpretationen sind Ihre Analysen dessen oder Meinungen über das, was Sie gesehen haben. Erzählen Sie, was Sie bemerkt haben, nicht das, was Sie darüber denken. Geben Sie an, welche Verhaltensweisen Sie konkret beobachtet haben, und beschreiben Sie keine Klischees. Beobachtungen beschreiben Tatsachen, ohne ein Urteil über sie abzugeben, was bei Interpretationen nicht der Fall ist.

Beispiele für Beobachtungen

Um zu erkennen, was ich meine, vergleichen Sie einmal folgende Aussagen:

- ✔ »Sie waren heute ziemlich launisch und unkooperativ.« (Interpretation und Kritik)
- ✔ »Ich habe heute bemerkt, dass Sie häufig aus dem Fenster gesehen haben. Sie haben Kundenanrufe erst dann beantwortet, wenn man Sie dazu aufgefordert hat, oder erst nach dem vierten Klingeln abgehoben. Darüber mache ich mir Gedanken.« (Beobachtung)

Dasselbe gilt für das positive Feedback:

- ✔ »Sie sind mit dem Kunden heute wunderbar umgegangen.« (Interpretation und Lob)
- ✔ »Ich habe gesehen, dass Sie die Fragen des Kunden genau und so beantwortet haben, dass sie auch für einen Laien verständlich waren. Der Kunde hat sich sogar darüber geäußert, wie hilfreich Ihre Erklärungen über die Funktionsweise unserer Produkte waren. Gut gemacht!«

Der richtige Zeitpunkt für ein Feedback

Wann ist der richtige Zeitpunkt für das Feedback nach einer Leistung des Mitarbeiters, die eine besondere Anerkennung wert ist?

Die Antwort lautet: So schnell wie möglich. Feedback sollte immer in Echtzeit gegeben werden, das heißt, so kurz nach Eintritt des Ereignisses wie möglich, wenn die Ereignisse noch frisch im Gedächtnis aller Beteiligten sind. Wenn das Gespräch erst viel später stattfindet, leidet darunter der Wert des konstruktiven Feedbacks.

Wenn Sie ein negatives Feedback geben müssen, sollten Sie nach einem anderen Zeitplan vorgehen: In diesem Fall geben Sie Ihr Feedback dann, wann es sinnvoll ist – das heißt, wenn Sie dazu bereit sind.

Bei manchen Vorfällen werden Sie sich wahrscheinlich nicht so gut fühlen und brauchen einige Zeit, um abzukühlen und Ihre Gedanken in Ordnung zu bringen (damit Sie in Ihrer Haltung auch Ihre Besorgnis zum Ausdruck bringen können). Sie sollten deshalb das Feedback lieber morgen und nicht sofort geben. Morgen ist immer noch rechtzeitig genug, und Ihr Feedback wird dadurch weitaus konstruktiver.

Häufigkeit von Feedbacks

Zum Abschluss stellt sich folgende Frage: Wie häufig sollten Sie mit Ihren Mitarbeitern ein Feedback-Gespräch führen?

Die Antwort lautet: in regelmäßigen Abständen, die sich an den tatsächlichen Leistungen des betreffenden Mitarbeiters orientieren.

In der Regelmäßigkeit, mit der ein positives Feedback gegeben wird, liegt deshalb das Geheimnis des Erfolges.

Die Diskussion nach dem Feedback

4

In diesem Kapitel

- Aus negativem Feedback Positives herausholen
- Das Engagement der Mitarbeiter anregen

Konstruktives Feedback ist die direkte Rückmeldung an einen Mitarbeiter, wie er eine bestimmte Aufgabe oder einen anderen leistungsbezogenen Vorgang erledigt hat. Das Feedback beginnt als Monolog, in dem Sie deutlich beschreiben, was geschehen ist, und sollte danach in ein Gespräch übergehen. In diesem Kapitel erkläre ich Ihnen, wie Sie dieses Gespräch nach dem Feedback führen und gestalten.

Bei vielen Feedback-Treffen wird eine Diskussion gar nicht erforderlich sein. Manchmal wird das Feedback damit enden, dass Sie mit dem Mitarbeiter über etwas ganz anderes reden.

Als Faustregel aber gilt: Beim negativen Feedback ist die anschließende Diskussion zwischen Ihnen und dem Mitarbeiter ein Muss. Eine Diskussion erlaubt dem Mitarbeiter, das Gehörte zu verdauen und zusammen mit Ihnen zu überlegen, wie die Situation verbessert werden könnte.

Wenn Sie einmal mit der Vorstellung gebrochen haben, dass negatives Feedback eine unangenehme Aufgabe ist, werden Sie feststellen, dass es tatsächlich sogar eine großartige Chance bietet, den Mitarbeitern etwas beizubringen und ihre Leistungen zu verbessern.

Beantworten Sie sich einfach mal folgende Frage: Wenn Ihre eigene Leistung nicht zufriedenstellend war, würden Sie wollen, dass jemand Sie darüber informiert? Die wenigsten Menschen würden auf diese Frage mit »Nein« antworten, und zwar aus einem einfachen Grund: Die meisten wollen über ihre Leistungen genau informiert werden. Sie wollen sich nicht bloß von einer negativen Nachricht erschlagen lassen. Seien Sie konstruktiv und nicht barsch, und lassen Sie danach die Diskussion beginnen.

Auf das positive Ergebnis kommt es an

Beim negativen Feedback sollten Sie die Diskussionsphase damit beginnen, dass Sie sich noch einmal an Ihre positive Einstellung erinnern und diese auch dem Mitarbeiter gegenüber kommunizieren. Damit können Sie die Dynamik der Diskussion positiv beeinflussen und ihr eine produktive Richtung geben.

BEISPIEL

Nach dem eigentlichen Feedback könnten Sie zum Beispiel sagen: »Ich möchte jetzt zusammen mit Ihnen überlegen, was Sie tun könnten, um künftig Ihre Termine einzuhalten und Ihre Arbeit an diesem Projekt zu einem Erfolg werden zu lassen.« Das wäre ein positives Ergebnis, das lösungsorientiert ist und den Mitarbeiter zum Gespräch auffordert.

Diese Lösung ist besser, als wenn der Vorgesetzte sagen würde: »Ich möchte gerne wissen, warum Sie Ihre Termine nicht einhalten können. Erlauben Sie sich keine weiteren Verspätungen. Erledigen Sie lieber Ihre Aufgaben rechtzeitig, anstatt laufend mit Ihren Teamkollegen zu schwatzen.« Diese Art von Schuldzuweisung und der Befehlston sind keine besonders gute Taktik und nicht die geeignete Einladung zu einer produktiven Diskussion nach dem Feedback.

Nachdem Sie in der Diskussion nach dem Feedback das beabsichtigte positive Ergebnis festgelegt haben, stellen Sie Fragen und hören Sie mehr zu, als selbst zu reden.

1. **Beginnen Sie das Gespräch mit dem Mitarbeiter mit einer Frage.**

   Fragen Sie zum Beispiel: »Welche Faktoren beeinträchtigen Ihre Fähigkeit, Termine einzuhalten?«

2. **Hören Sie aufmerksam zu, um die Haltung des Mitarbeiters zu den angesprochenen Vorfällen zu verstehen.**

3. **Steuern Sie die Diskussion in Richtung des erwünschten positiven Ergebnisses.**

   Stellen Sie zum Beispiel folgende Frage: »Haben Sie Vorschläge, wie Sie es schaffen könnten, die Termine künftig einzuhalten?« Beteiligen Sie den Mitarbeiter an den Anstrengungen, zu einem positiven Ergebnis zu gelangen. Das bedeutet häufig die Entwicklung einer Lösung.

   Machen Sie bei Bedarf eigene Vorschläge, aber versuchen Sie immer, die Diskussion als Ideenaustausch zu führen und dem Mitarbeiter nicht die eigenen Ideen zu diktieren.

Engagement und Eigenverantwortung der Mitarbeiter stärken

Gespräche in der hier beschriebenen Form führen den Mitarbeiter dazu, selbst zu denken und Verantwortung zu übernehmen. Und wie Sie bereits wissen: Wenn die Leute ihre eigene Lösungen entwickeln, sind sie auch eher bereit, diese in die Tat umzusetzen. Die Mitarbeiter zur Selbstständigkeit und zum Engagement zu bewegen, das ist es, worum es geht.

Nachdem Sie das positive Ergebnis herausgearbeitet haben, bringen Sie das Gespräch langsam zu einem Ende. Wenn die Angelegenheit so wichtig ist, dass der Arbeitsfortschritt überwacht werden sollte, legen Sie zusammen mit dem Mitarbeiter einen entsprechenden Kontrolltermin fest.

Mit defensiven Reaktionen umgehen

Es gibt immer eine Handvoll Mitarbeiter, die besonders empfindlich sind und auf Ihr negatives Feedback defensiv reagieren. Defensiv eingestellte Menschen machen jede Diskussion sehr schwierig.

In der folgenden Zusammenstellung finden Sie einige Möglichkeiten, mit denen Sie vermeiden können, dass der Mitarbeiter eine Defensivhaltung einnimmt. Dort wird auch gezeigt, wie Sie die negativen Auswirkungen dieser Haltung auf das Gespräch minimieren können und wie Sie mit dieser Haltung umgehen sollten.

Geben Sie negatives Feedback, keine Kritik

Folgen Sie den Regeln für konstruktives Feedback. Beachten Sie insbesondere folgende Regel: Konzentrieren Sie sich auf das Problem, seien Sie genau, direkt und gründen Sie Ihr Feedback auf Beobachtungen. Falls Sie in die Kritikfalle tappen, werden Sie meistens eine Verteidigungshaltung herausfordern – egal, wie gut Ihre Absichten auch sein mögen.

Kritische Bemerkungen, die auf die Person bezogen sind, die auf Verallgemeinerungen und nicht auf Substanz beruhen, werden meistens als Vorurteil betrachtet. Wenn aber ein empfindlicher Mitarbeiter Sie als voreingenommen empfindet, können Sie sicher sein, dass das nicht gut geht.

Geben Sie ehrliches negatives Feedback

Zeit für ein wenig Physik. Jede Aktion bewirkt eine Reaktion. (Ende der Lektion – damit sind meine Physikkenntnisse auch schon erschöpft.) Auch wenn Sie in der Interaktion mit einem Menschen diesen nicht unbedingt steuern können, können Sie aber doch zumindest darauf Einfluss nehmen, wie Ihre Botschaft beim Gesprächspartner ankommt.

- ✔ Wenn Sie Ihre Botschaft in ärgerlichem oder barschem Ton übermitteln, werden Sie höchstwahrscheinlich eine verärgerte oder barsche Reaktion zurückbekommen.
- ✔ Wenn Sie Ihre Botschaft in zögerlichem oder angespanntem Ton übermitteln, werden Sie wahrscheinlich einen Gesprächspartner erleben, der Angst bekommt und sich fragen wird, was denn nun so schrecklich ist, das Sie es ihm nicht erzählen können.

Sorge und Hilfsbereitschaft ausdrücken

Beim negativen Feedback sollten Sie sowohl in Ihrer Sprache als auch im Ton erkennen lassen, dass Sie sich um etwas Sorgen machen. Sie sind schließlich da, um zu helfen, und nicht, um jemanden mit Ihrem Feedback zu verletzen.

Zeigen Sie, wie mit den Feedback-Informationen umzugehen ist

Wenn Sie ein konstruktives Feedback geben, können Sie Ihren Mitarbeitern gleichzeitig beibringen, wie diese das konstruktive Feedback auch verarbeiten können. Teilen Sie ihnen mit, dass Sie vorhaben, das Feedback-Gespräch zu einer regelmäßigen Übung zu machen, und bringen Sie Ihren Mitarbeitern gegenüber Ihre Erwartung zum Ausdruck, dass die Informationen auch entsprechend aufgenommen werden. Denken Sie auch daran, sich selbst gegenüber den von Ihren Mitarbeitern erhaltenen Feedback-Informationen zu öffnen.

Wenn Ihr Mitarbeiter Ihr konstruktives Feedback positiv aufnimmt, verstärken Sie die positive Seite. Geben Sie ein negatives Feedback, wenn er es nicht so gut aufnimmt. Denken Sie aber immer daran, Ihre Beobachtungen und nicht Ihre Interpretationen mitzuteilen.

- **Eine Interpretation:** »Sie reagieren auf mein Feedback über Ihre Arbeitsleistungen defensiv.«
- **Eine Beobachtung:** »Wenn ich Ihnen mein Feedback darüber gebe, welche Fehler Sie korrigieren und welche

> Teile Sie verbessern sollten, stelle ich fest, dass Sie Ihre Stimme erheben. Sie unterbrechen mich, bevor ich meinen Satz beendet habe. Sie bekommen ein rotes Gesicht und runzeln die Stirn. Dieses Verhalten macht es mir sehr schwer, Ihnen das notwendige Feedback zu geben.«

Meistens ist es keine gute Idee, direkt in der Hitze des Gefechts Ihren Mitarbeitern Ihr Feedback dazu zu geben, wie sie das Feedback aufnehmen. Beschäftigen Sie sich damit lieber etwas später in einem gesonderten Gespräch. Wenn dann der Mitarbeiter defensiv reagiert und das gleiche Verhalten zeigt, das Sie ihm beschreiben wollen, können Sie es direkt kommentieren. »Sehen Sie, das ist genau das Verhalten, über das ich mit Ihnen sprechen möchte und das Sie ändern sollten.« Sie können in diesem Fall dem betreffenden Mitarbeiter sozusagen einen Spiegel vorhalten. Die Leute können besser verstehen, welches Verhalten geändert werden soll, wenn Sie sie bei genau diesem Verhalten erwischen.

Richten Sie Ihr Gespräch auf ein positives Ergebnis aus

Bei einem negativen Feedback ist die anschließende Diskussion mit dem Mitarbeiter ein Muss. Geben Sie Ihr Feedback zu Beginn des Gesprächs und lassen Sie dann eine Diskussion folgen. Ein Überfall nach dem Muster »Hier die Dinge, die Sie gut gemacht haben (Einzelheiten, Einzelheiten … blah, blah, blah). Und nun sehen Sie zu, dass Sie wieder an Ihre Arbeit kommen.« ist nicht die geeignete Art.

Wenn Sie lediglich Ihr Feedback mit allen Einzelheiten geben und dann versuchen, das Gespräch zu beenden, ist das abrupte Ende wie ein Schlag ins Gesicht und wird bei einem defensiv eingestellten

Menschen heftige Reaktionen provozieren. Wenn Sie einem Mitarbeiter Ihre Botschaft gewaltsam aufzwingen, wird der sie nicht ohne jede Gegenwehr hinnehmen.

Noch einmal: Nach negativem Feedback sollten Sie angeben, welches positive Ergebnis Sie von diesem Gespräch erwarten. Beginnen Sie danach die Diskussion mit einer Frage, die den Mitarbeiter zur Teilnahme an dem Gespräch auffordert. Hören Sie geduldig zu. Wenn Sie eine Debatte beginnen, werden Sie nur eine Verteidigungshaltung Ihres Gegenübers provozieren.

Konzentrieren Sie sich auf das positive Ergebnis Ihres Gesprächs. Die ständige Beschäftigung mit Problemen führt nur zu einem gegenseitigen Austausch von Schuldzuweisungen. Beschäftigen Sie sich jedoch mit Lösungen, wird der Mitarbeiter seine Bereitschaft zur Zusammenarbeit ausdrücken.

Machen Sie deutlich, welches Verhalten Sie erwarten

Damit legen Sie Ihre Erwartungen fest und bereiten den Mitarbeiter auf das von ihm erwartete Verhalten vor. Sie machen deutlich, welches Verhalten Sie erwarten, bevor Sie mit dem konstruktiven Feedback beginnen – als eine Art Gesprächseinleitung. Denken Sie daran, Ihre Wünsche positiv zu formulieren. Reden Sie nicht davon, welches Verhalten Sie nicht sehen wollen.

Anstatt dem Mitarbeiter zu sagen »Bei diesem Feedback wünsche ich keine defensiven Reaktionen«, drücken Sie Ihre Erwartungen in positiven Worten aus: »Ich werde Ihnen jetzt mein Feedback zu einem bestimmten Punkt geben und möchte, dass Sie sich das geduldig anhören. Danach wollen wir zusammen eine Lösung ausarbeiten.«

Lassen Sie die Feedback-Diskussion regelmäßig stattfinden

Machen Sie das Feedback-Gespräch zu einer regelmäßigen Veranstaltung, in der Sie die aktuelle Leistung des betreffenden Mitarbeiters besprechen.

Hier mein Tipp, mit dem Sie die defensive Haltung des Mitarbeiters beim negativen Feedback von vornherein vermeiden können: Würdigen Sie alle Aspekte der Leistung des betreffenden Mitarbeiters und nicht nur die Probleme oder Fehler. Wenn Sie Ihren Mitarbeitern nur dann ein Feedback geben, wenn etwas falsch gelaufen ist, ermutigen Sie sie nur dazu, eine Abwehrhaltung einzunehmen.

Versuchen Sie, Ihr konstruktives Feedback möglichst regelmäßig zu geben, sodass sich Ihre Mitarbeiter daran gewöhnen können, von Ihnen zu hören, wie ihre Leistungen eingeschätzt werden – das heißt, was sie richtig oder falsch gemacht haben. Dann wissen sie, wo sie stehen und dass ihre positiven Bemühungen nicht als Selbstverständlichkeit hingenommen werden.

Regelmäßiges Feedback regt das Mitarbeiterengagement an

Das konstruktive Feedback hat direkten Einfluss auf das Engagement Ihrer Mitarbeiter und berührt deshalb die fünf Säulen, auf denen dieses Engagement beruht (siehe Kapitel 2). Und so wirkt ein regelmäßiges konstruktives Feedback (in der positiven oder negativen Variante) auf diese Säulen:

- **Fokus:** Positives Feedback bestätigt, dass die Mitarbeiter in puncto Leistung auf dem richtigen Weg sind. Negatives Feedback und insbesondere die daran anschließende Diskussion helfen, Mitarbeiter wieder auf eine angemessene Leistung hin auszurichten.
- **Beteiligung:** Dieser Aspekt wird durch das Feedback weniger direkt betroffen. Aber bei der Diskussion im Anschluss an das Feedback können die Mitarbeiter Einfluss auf ihre weitere Entwicklung nehmen.
- **Entwicklung:** Ein angemessenes Maß an positivem oder negativem Feedback kann die Bemühungen der Mitarbeiter um Weiterbildung verstärken. Mit zunehmender Kompetenz nimmt auch das Selbstvertrauen der Mitarbeiter zu.
- **Anerkennung:** Positives Feedback ist eine der kostengünstigsten Methoden zur Würdigung der Mitarbeiter.
- **Verantwortung:** Beide Varianten des konstruktiven Feedbacks stärken die Bereitschaft, Verantwortung zu übernehmen. Sie bekräftigen die Erwartung eines hohen Leistungsstandards und machen deutlich, dass alles, was in Sachen Leistung unternommen wird, registriert und gewürdigt wird.

Leistungspläne erstellen 5

In diesem Kapitel

- ✔ Die Kernelemente ergebnisorientierter Leistungspläne
- ✔ Messbare und ergebnisorientierte Ziele und Standards festlegen

Plangesteuerte Führung ist eine wichtige Voraussetzung für effektive Mitarbeiterführung und –motivation und außerdem das große Geheimnis guter Ergebnisse. Um es einmal einfach auszudrücken: Ein *Plan* legt fest, welche Maßnahmen zu einem bestimmten Zweck ergriffen werden müssen. Er gibt die Richtung an und liefert den Fokus – eine der fünf Säulen, auf denen das Mitarbeiterengagement basiert (siehe auch Kapitel 2 und die Zusammenfassung am Ende dieses Kapitels).

Entwicklungs-, Verbesserungs-, Projekt-, Motivations- und Delegationspläne sind alle Teilpläne des allumfassenden *Leistungsplans*, der Anweisungen enthält und die Richtung vorgibt für die Gesamtleistung eines Mitarbeiters. Diese Pläne werden manchmal auch als Arbeitspläne bezeichnet und zeigen genau auf, wofür Sie den betreffenden Mitarbeiter bezahlen.

Wenn sie gut gestaltet sind, sagen sie dem Mitarbeiter sehr deutlich, was er leisten muss, um sein Gehalt zu verdienen. Im Idealfall hat der Mitarbeiter bei der Ausgestaltung des Leistungsplans geholfen und kann ihn deshalb auch als sein Eigentum betrachten.

Ergebnisorientiertes Arbeiten

Planlose Führung bewirkt, dass die Mitarbeiter zwar beschäftigt, aber nicht unbedingt produktiv sind. Die meisten Menschen haben keine Schwierigkeiten damit, einen achtstündigen Arbeitstag mit diversen Aktivitäten zu füllen. Irgendetwas gibt es immer zu tun. Mit Leistungsplänen lässt sich dieser Zustand ändern. Wie viel jemand zu tun hat, ist weniger wichtig als das, was er mit seiner Leistung erreicht. Der Wechsel von der Konzentration auf Aktivitäten hin zur Konzentration auf Ergebnisse bringt sowohl Ihnen als auch Ihren Mitarbeitern enorme Vorteile.

Die wichtigsten Bestandteile eines Leistungsplans

Um gemeinsam mit Ihren Mitarbeitern deren Leistungsplan festlegen zu können, müssen Sie zunächst einmal wissen, aus welchen Komponenten ein derartiger Plan besteht. Dieser Abschnitt skizziert die wichtigsten Bestandteile eines ergebnisorientierten Leistungsplans.

Das in Abbildung 5.1 dargestellte Arbeitsblatt kann Ihnen als Anleitung für die Erstellung von Leistungsplänen dienen. Als Zutaten benötigen Sie Ziele oder Standards, mehrere Maßnahmenpläne und ein Instrument zur Messung des Planerfolgs. Die Definition der einzelnen Zutaten finden Sie in der folgenden Aufzählung:

- **Ziel:** Ein Ziel ist eine bestimmte Arbeitsleistung oder ein Ergebnis, die oder das Sie erreichen wollen. Das Ziel ist die Antwort auf folgende Fragen: Was wollen Sie erreichen? Welche wichtige Arbeit möchten Sie fertigstellen?

- **Standard:** Ein Standard ähnelt einem Ziel insofern, als auch er auf die Erreichung von bestimmten Ergebnissen ausgerichtet ist. Ein Standard definiert entweder ein erwünschtes Verhalten, ein anzustrebendes Leistungsniveau oder ein gutes Ergebnis, die aufrechterhalten werden sollen. Standards werden meistens in Bereichen wie Qualität, Teamwork, Führungseffizienz oder Service definiert.

Die Messlatte auf die richtige Höhe legen

Ziele und Standards sollen anspruchsvoll und gleichzeitig erreichbar sein; etwas, das der Mitarbeiter zwar leisten kann, für das er sich aber anstrengen muss. Wenn die Messlatte zu niedrig gelegt wird, erzielt Ihr Team nicht die erwünschten Ergebnisse. Wenn Sie die Messlatte jedoch zu hoch legen oder es zulassen, dass Ihre Mitarbeiter Ziele für sich festlegen, die sie nicht im Griff haben, führt das zur Frustration, manchmal sogar zur Demotivation der Mitarbeiter. Das *gemeinsame* Erstellen von Leistungsplänen ist also enorm wichtig.

- **Maßnahmenpläne:** Maßnahmenpläne beschäftigen sich mit den Wegen, auf denen sich die Ziele und Standards erreichen lassen. Maßnahmenpläne sind die Einzelschritte, die Ihre Mitarbeiter unternehmen müssen, um ein Ziel oder einen Standard zu erreichen. Pro Ziel oder Standard sind in der Regel drei bis sechs Maßnahmenpläne erforderlich.

- **Maßstab oder Messverfahren:** Dieses Element definiert, in welcher Form die erwünschten Ergebnisse gemessen werden sollen. Dieser Punkt bezeichnet die Methoden oder Beweisquellen, nach denen die Erreichung der Ziele oder Standards bewertet werden soll.

Ziele und Standards sind zwar die Zutaten für einen Leistungsplan, aber ohne Maßnahmenpläne lassen sich diese Ziele nicht erreichen. Wenn Sie die Messmethode von vornherein festlegen, können Sie anschließend leichter beurteilen, welche Fortschritte Sie gemacht haben. Sie wissen genau, nach welchen Ergebnissen (oder Anhaltspunkten) Sie bei der Überprüfung suchen müssen. Wenn Sie mit Leistungsplänen arbeiten, müssen Sie sich nicht auf Ihr Gefühl verlassen, um festzustellen, ob das Ziel erreicht wurde.

Leistungspläne schreiben

Damit die Leistung Ihrer Mitarbeiter zu noch besseren Ergebnissen führt, sollten Sie lernen, Ziele und Standards nach der SMART-Methode zu definieren: SMART ist die Abkürzung für die Richtlinien zur Definition von Zielen und Standards.

S = Spezifisch

Ein Ziel oder ein Standard sollte in einem einzigen Satz definiert werden. Die Botschaft muss deutlich erkennbar sein – und zwar für jeden, nicht nur für Sie und Ihre Mitarbeiter. Bedienen Sie sich einer Sprache, die weder vage ist noch Missverständnisse zulässt.

Liste der wichtigen Ereignisse

Mitarbeiter: ____________________

Datum	Ereignis

Abbildung 5.1: Formular für Leistungspläne

M = Messbar

Der Leser soll erkennen, dass das gewünschte Ergebnis sich in irgendeiner Form messen lässt. Ziele müssen nicht unbedingt quantifizierbar sein, um gemessen werden zu können.

Manche Ziele und Standards lassen sich auch mithilfe qualitativer Methoden messen. (Weitere Einzelheiten finden Sie im Kasten »Ziele und Standards messen« weiter unten.)

A = Aktionsorientiert

Verben, die eine Aktivität ausdrücken, geben der Zielvorgabe die notwendige Würze.

Hier einige Beispiele für Verben, die die Ausrichtung auf ein Ziel ausdrücken:

- Entwickeln
- Erreichen
- Implementieren
- Erstellen
- Schaffen
- Produzieren
- Aufrechterhalten

Obwohl auch »lernen« ein Aktionsverb ist, funktioniert es im Zusammenhang mit Zielen und Standards nicht so gut, weil es keine Erfolge hervorbringt. Das Erlernen von Fähigkeiten mag zwar Teil eines Plans sein, mit dessen Hilfe sich ein Ziel erreichen lässt, führt aber selbst zu keinem Erfolg.

R = Results-focused (Ergebnisorientiert)

Was hoffen Sie damit zu erreichen, aus welchem Grund wollen Sie das machen? Wenn Sie und Ihre Mitarbeiter die Fokussierung auf Ergebnisse erst einmal verinnerlicht haben, wird das Schreiben von Leistungsplänen zu einem Kinderspiel.

Die meisten Menschen gehen bei dem Versuch, Ziele zu entwickeln, eher aktivitäts- als ergebnisorientiert zu Werke. Ein Mitarbeiter aus der Produktionsabteilung könnte zum Beispiel folgendes Ziel angeben: »Entwicklung und Implementierung eines Qualitätsverbesserungsprozesses für die Produktion«. Diese Angabe beschreibt jedoch eine Tätigkeit und kein Ziel. Sie macht keinerlei Angaben darüber, welche Ergebnisse erzielt werden sollen.

Hier das Gegenteil – ein ergebnisorientiertes Ziel: »Entwicklung und Implementierung eines Qualitätsverbesserungsprozesses für die Produktion, das die Fehlerquote im Herstellungsprozess von zur Zeit 25 Prozent innerhalb von 12 Monaten auf 10 Prozent reduziert«.

T = Terminiert (zeitlicher Rahmen)

Dieser Punkt gibt an, bis wann das Ziel oder der Standard erreicht werden soll. Bei diesen Zieldaten handelt es sich immer um optimistische Schätzungen. Sie geben aber einen Zeitrahmen an, an dem man sich orientieren kann – was immer noch besser ist als das eher vage Versprechen: »Ich werde das schon irgendwann bis zum nächsten Jahr erledigen.«

Anstelle eines Zeitrahmens kann hier auch eine unbefristete Dauer angegeben werden, was bei Standards häufig gemacht wird, weil das zum Erreichen der gewünschten Ergebnisse erforderliche Leistungsniveau auf Dauer aufrechterhalten werden soll.

Ziele und Standards messen

Folgende Messmethoden helfen beim Messen von Zielen und Standards:

- **Quantifizierbare Mittel:** *Quantifizierbar* bedeutet, dass sich die Erreichung des Ziels anhand von Zahlen ermitteln lässt: Absatzzahlen, produzierte Gegenstände, Kosten- oder Zeiteinsparungen. Diese Zahlen sind normalerweise die Indikatoren, die von allen Unternehmen automatisch ermittelt und aufgezeichnet werden. Die Ziele auf diesen Gebieten sind deshalb einfach zu messen. Und dank moderner Computertechnik können Sie diese Zahlen meistens mit einem einfachen Mausklick abrufen.
- **Feedback und Umfragen:** An leistungsbezogenem konstruktivem Feedback können Sie feststellen, inwieweit ein Leistungsziel oder ein Leistungsstandard erreicht oder erfüllt wurde. Dieses kann von Ihnen selbst oder anderen wie etwa internen oder externen Kunden stammen. Eine Umfrage ist eine formalere Methode zur Ermittlung des Kunden-Feedbacks und eine gute Möglichkeit zum Messen der Kundenzufriedenheit mit dem von Ihnen angebotenen Service.
- **Revision, Test, Inspektion:** Im Rechnungswesen ist die Revision das gängige Verfahren zur Messung, wie es um ein Ziel oder eine Aufgabe bestellt ist. Tests lassen sich auf viele Arten anwenden. Im Hightech-Bereich wird mithilfe von Tests ermittelt, ob ein Produkt das leistet, wofür es entwickelt worden ist. In der Wirtschaft werden Inspektionen häufig in Bereichen wie Sicherheit, Produktqualität oder Service eingesetzt.

Wachsame Käufer

Manche Unternehmen bedienen sich sogenannter (dem Mitarbeiter unbekannter) *Testkunden*, die sich als Kunden ausgeben und ihre Erfahrungen mit dem Service einer bestimmten Firma an deren Geschäftsleitung berichten.

- ✔ **Dokumentation:** Berichte, Pläne, Briefwechsel, Notizen und andere Dokumente enthalten häufig Aufzeichnungen über erzielte Erfolge. Auch sie sind deshalb zur Erfolgsmessung von Zielen und Standards geeignet.
- ✔ **Einhaltung von Terminen:** Hob die Rakete zum vorgesehenen Zeitpunkt ab? Wurde das Produkt zum vorgesehenen Zeitpunkt am Markt eingeführt? Ob ein Ziel zum vorgesehenen Zeitpunkt erreicht wurde, kann einer der wichtigsten messbaren Erfolge sein – und das lässt sich meistens auch ziemlich einfach erheben.
- ✔ **Arbeitsergebnisse oder Muster:** Wie dieses Mittel zum Messen von Zielen und Standards eingesetzt wird, ist ziemlich offensichtlich: Sie bitten einen Mitarbeiter, Ihnen seine Arbeitsergebnisse oder Musterprodukte vorzulegen. An diesen handfesten Beweisstücken können Sie erkennen, inwieweit das vorgegebene Ziel erreicht wurde.
- ✔ **Beobachtung, in Kombination mit Feedback und Dokumentation:** Die Beobachtung eines Verkäufers bei einem Verkaufsgespräch oder einer Servicekraft beim Umgang mit einem Kunden sind nur zwei Beispiele dafür, wie Sie durch bloßes Beobachten ermitteln können, ob die gewünschte Leistung erbracht wurde.

Sie können die meisten Ziele und Standards mit mehr als einem dieser Mittel messen. Für jedes Ziel und jeden Standard sollten Sie sehr sorgfältig definieren, mit welchen der möglichen Mittel der Erfolg gemessen werden soll.

Wenn Sie dies gemeinsam mit dem betreffenden Mitarbeiter bei der Festlegung der Leistungspläne tun, ist die Überwachung des Fortschritts und die Beurteilung der Ergebnisse sehr einfach. Der Mitarbeiter kann seine eigenen Ergebnisse verfolgen, und Sie wissen, anhand welcher Belege Sie erkennen können, inwieweit die Ziele erreicht wurden. Dieser Ansatz ist ebenso einfach wie objektiv und vermeidet unnötige Auseinandersetzungen.

Beispiele für Leistungspläne nach SMART-Manier

In diesem Kapitel

- ✔ So machen Sie es richtig
- ✔ Sinnvolle Ziele, Maßnahmen und Bewertungen

In den folgenden Abschnitten zeige ich Ihnen einige Leistungspläne mit beispielhaften Zielen und Standards sowie den dazugehörigen Maßnahmenplänen und den zur Bewertung des Erfolges erforderlichen Messmethoden.

Um diese Beispiele in einen zeitlichen Kontext zu setzen, stellen Sie sich vor, dass diese Leistungspläne sich über einen Zeitraum von sechs Monaten erstrecken, beginnend am 1. Januar eines beliebigen Kalenderjahres. Bedenken Sie auch, dass diese Leistungspläne *gemeinsam mit* dem Mitarbeiter und nicht etwa von Ihnen allein *für* ihn festgelegt werden sollen.

Beispiel 1

Ziel: Entwickeln und implementieren Sie Prozessverbesserungen, welche die Bearbeitungszeit für Monatsabschlussarbeiten von vier auf drei Tage (das heißt um 25 Prozent) reduzieren. Termin: bis spätestens 1. Juli 2010.

Maßnahmenpläne:

- ✔ Bis 15. März 2010: Dokumentieren Sie die Arbeitsabläufe im Zusammenhang mit dem Monatsabschluss sowie die durchschnittliche Dauer dieser Prozesse.

- Bis 30. April 2010: Holen Sie das Feedback der anderen Mitarbeiter in der Abteilung ein und entwickeln Sie einen Plan für einen rationelleren Arbeitsablauf.
- Nachdem Sie den Rationalisierungsplan gemeinsam mit der Geschäftsleistung überarbeitet haben, testen Sie die Prozessverbesserungen anlässlich der Monatsabschlussarbeiten für den Monat Mai.
- Überprüfen Sie die Testergebnisse und nehmen Sie eventuell erforderliche Änderungen vor, um den Monatsabschluss für Juni erfolgreich durchführen zu können.

Bewertung des Ergebnisses:

- Dauer der Monatsabschlussarbeiten für Juni 2010
- Der dokumentierte Prozessverbesserungsplan

Beispiel 2

Ziel: Entwickeln Sie bis zum 1. Juli 2010 ein Marketing-Kit, in dem Sie den Außendienstmitarbeitern verschiedene Verkaufshilfen zur Verfügung stellen, mit denen sie ihren Umsatz steigern können.

Maßnahmenpläne:

- Bis 1. Februar 2010: Führen Sie eine Umfrage unter den Außendienstmitarbeitern durch, um deren Bedarf an Schulungen, Musterprodukten und anderen Verkaufshilfen zu ermitteln, mit denen sich die Absatzzahlen erhöhen lassen.

- Bis 1. April 2010: Entwickeln Sie gemeinsam mit Werbemittelherstellern und der Produktionsabteilung Prospekte, Musterprodukte und Verkaufshilfen.
- Bis 1. Mai 2010: Stellen Sie Fokusgruppen zusammen, die aus internen Führungskräften, Außendienstmitarbeitern und ausgewählten Kunden bestehen sollen. Diese Gruppen sollen den Wert und die Nützlichkeit des Marketing-Kits testen.
- Bis 1. Juni 2010: Werten Sie das Feedback der Fokusgruppen aus und nehmen Sie auf Grundlage dieser Ergebnisse die notwendigen Änderungen am Marketing-Kit vor.
- Bis 1. Juli 2010: Führen Sie mit den Außendienstmitarbeitern Schulungen durch, um sie mit dem Marketing-Kit vertraut zu machen und ihnen zu zeigen, wie sie es in ihren Präsentationen beim Kunden einsetzen können.

Bewertung des Ergebnisses:

- Einhaltung der Termine: War das Kit zum Zieltermin einsatzbereit, und wurde der Außendienst bis zum vorgegebenen Termin in die Arbeit mit dem Kit eingewiesen?
- Feedback der Außendienstmitarbeiter hinsichtlich der Nützlichkeit des Marketing-Kit für deren Verkaufsgespräche. Ermitteln Sie diese Ergebnisse während des ersten Vierteljahres nach der Implementierung des Marketing-Kits jeden Monat.
- Feedback von einer Gruppe ausgewählter Kunden (nach Einführung des Kits)

Die Gesamtleistung berücksichtigen

SMART-Leistungspläne sollen die Gesamtleistung eines Mitarbeiters berücksichtigen. Wie die Mitarbeiter ihre Zeit für Aufgaben und Aktivitäten einsetzen, ist davon abhängig, welche Ergebnisse von ihnen erwartet werden. Sie können es nicht zulassen, dass Ihre Mitarbeiter ihre Zeit mit Tätigkeiten verbringen, die nicht die gewünschten Ergebnisse liefern.

Ziele sind daher kein optionales Extra. Sie sind vielmehr der Fokus, auf den sich die Mitarbeiterleistung ausrichten soll. Alles, woran ein Mitarbeiter arbeitet, und alle entscheidenden arbeitsplatzbezogenen Verhaltensweisen sind auf das Abliefern sinnvoller Ergebnisse gerichtet. Sie sind Teil des Gesamtleistungsplans.

Sorgen Sie für ergebnisorientiertes Arbeiten

Sie selbst können diesen Wechsel vollziehen, indem Sie mit Leistungsplänen arbeiten. *Womit* Ihre Mitarbeiter ihre Zeit verbringen ist weniger wichtig als die *Ergebnisse*, die sie liefern. Beispiel: Sie haben bemerkt, dass einer Ihrer Außendienstmitarbeiter viel Zeit für private Telefongespräche aufwendet. Da Sie aber auf Ergebnisse fokussiert sind, kann Ihnen das ziemlich egal sein, wenn dieser Vertreter nur die geforderten Kundenaufträge beschafft.

Um bei der Ausgestaltung der Leistungspläne die Gesamtleistung Ihrer Mitarbeiter zu berücksichtigen, müssen Sie gemeinsam mit ihnen Ziele und

Standards beispielsweise für folgende Bereiche festlegen:

- ✔ Produktion
- ✔ Qualitätsindikatoren
- ✔ Anforderungen an den Service und die Kundenzufriedenheit
- ✔ Größere Projekte
- ✔ Wichtige Lösungen oder notwendige Änderungen
- ✔ Wichtige Aufgaben, die zur Aufrechterhaltung der gewünschten Ergebnisse erledigt werden müssen
- ✔ Leistungsbereiche, in denen Steigerungen erforderlich sind
- ✔ Arbeitsplatzbezogene Verhaltensweisen, die zur Aufrechterhaltung der gewünschten Ergebnisse erforderlich sind
- ✔ Anwesenheit am Arbeitsplatz
- ✔ Berufliche Weiterentwicklung

Bei der Definition der Bereiche, die der Arbeitnehmer bearbeiten soll, legen Sie ein SMART-Ziel fest, das *sämtliche* Bereiche integriert. Wie viele Ziele oder Standards ein Mitarbeiter haben sollte, kann nicht genau gesagt werden. Im Allgemeinen enthalten Leistungspläne fünf bis acht Ziele oder Standards – niemals aber mehr als zehn. Wenn der Mitarbeiter mehr hätte, könnte er sie nicht mehr bewältigen. Sie selbst müssten sich in diesem Fall allerdings auch fragen, ob Sie nicht eher eine Aufgabenliste festgelegt und die Ergebnisse aus den Augen verloren haben.

Leistungspläne gemeinsam mit dem Mitarbeiter erstellen

Vielleicht haben Sie es bereits bemerkt: Begriffe wie »Leistungsplan« oder »Ziel« tauchen häufig in Verbindung mit dem Wort »gemeinsam« oder »zusammen« auf. Um das Optimum aus SMART-Leistungsplänen herauszuholen, müssen Sie diese Pläne *gemeinsam* mit den Mitarbeitern erstellen.

Wenn Mitarbeiter an der Formulierung der Ziele und Standards beteiligt werden, werden sie sie als die eigenen ansehen. Und genau das macht den Unterschied zwischen Gehorsam und Engagement aus. Aus diesem Grund sollte die Definition von Zielen und Standards immer gemeinsam mit dem Mitarbeiter erfolgen.

Sie müssen als Vorgesetzter den Mitarbeitern die Richtung weisen. Erklären Sie ihnen, was das Unternehmen und das Team leisten sollen, welche unternehmerischen Ziele verfolgt werden und welche wichtigen Angelegenheiten bearbeitet werden müssen. Die Aufgabe der Mitarbeiter besteht darin, anspruchsvolle, aber erreichbare Ziele und Standards festzulegen und die wichtigsten Schritte (die Maßnahmenpläne) zu skizzieren, mit denen die Ziele oder Standards erreicht werden sollen.

> ***Beteiligen Sie Mitarbeiter an der Verantwortung***
>
> Natürlich tragen Sie mit eigenen Vorschlägen und Ideen zu dieser Diskussion bei – allerdings nicht in der Weise, dass Sie bestimmen, wie die Dinge zu erledigen sind, sondern dadurch, dass Sie im Rahmen eines Gesprächs bei der Ausgestaltung der Leistungspläne mitwirken. Für die Umsetzung dieser Pläne, die gewissermaßen den Mitarbeitern gehören, tragen diese auch die volle Verantwortung. Die Beteiligung der Mitarbeiter an der Verantwortung ist eine der wichtigsten Voraussetzungen für Ihren Erfolg und die Schaffung von Mitarbeiterengagement.

Leistungspläne entwickeln

Da viele Ihrer Mitarbeiter zunächst nicht wissen werden, wie ergebnisorientierte Leistungspläne erstellt werden, stelle ich Ihnen hier ein Verfahren vor, nach dem Sie zusammen mit ihnen die Pläne entwickeln können:

1. **Bereiten Sie Ihre Mitarbeiter auf die Planungsbesprechung vor.**

   Geben Sie ihnen die Prioritäten und die Ziele für den anstehenden Zeitraum bekannt. Damit Ihre Mitarbeiter diese Anweisungen auch richtig verstehen, geben Sie ihnen eine Kopie Ihres eigenen Leistungsplans. Damit helfen Sie ihnen gleichzeitig, die wichtigsten Bestandteile eines Leistungsplans zu verstehen.

   Bitten Sie sie, eine Liste mit Vorschlägen für ihre eigenen Ziele und Standards vorzubereiten, die sich an die vorgegebene Generalrichtung anlehnen. Hier einige Fragen, die Sie Ihren Mitarbeitern dazu vorlegen sollten:

- Was müssen Sie leisten, damit das Team das erreicht, was es erreichen soll?
- Welche Änderungen oder Verbesserungen sind erforderlich, damit wir effizienter arbeiten können?
- Welche Verhaltensweisen oder Aufgaben sollten verbessert oder beibehalten werden, um ein hohes Leistungsniveau zu erreichen?
- In welchen Leistungsbereichen wollen Sie sich weiterentwickeln?

2. **Bereiten Sie die Planungsbesprechung vor.**

   Entwerfen Sie im Einzelplanungsgespräch die einzelnen Leistungspläne und beziehen Sie dabei auch die Ideen des betreffenden Mitarbeiters ein. Bitten Sie Ihren Mitarbeiter, die Notizen niederzuschreiben, und gestalten Sie gemeinsam mit ihm den Plan aus. Gehen Sie dabei nach folgender Reihenfolge vor:

   - Schreiben Sie die Ziel-/Standarderklärung entsprechend den SMART-Richtlinien nieder.
   - Entwerfen Sie die Maßnahmenpläne.
   - Geben Sie an, wie die Fortschritte ermittelt werden sollen. Anhand welcher Anhaltspunkte können Sie die Fortschritte verfolgen?

   Überlassen Sie dem Mitarbeiter die Führung bei der Gestaltung der Maßnahmenpläne. Er ist schließlich derjenige, der die Ziele oder Standards erreichen soll, und weiß meistens am besten, wie diese Aufgabe erledigt werden muss.

> ***Denken Sie an die betrieblichen Gesamtziele***
>
> Richten Sie Ihre Bemühungen zur Entwicklung von Lösungen an diesen Zielen aus. Halten Sie dagegen, wenn ein Mitarbeiter ein Ziel definieren möchte, das in eine falsche Richtung geht. Wenn ein Mitarbeiter andererseits aber besonders ehrgeizig ist und sich an die vorgegebene Richtung hält, können Sie ihm in der Regel auch freie Hand lassen und ihn aus seinen Erfahrungen lernen lassen. Vielleicht wird er sie überraschen und das Ziel genau treffen – schließlich war er es ja auch, der es festgelegt hat.

3. **Stellen Sie die Pläne fertig.**

   Lassen Sie den Mitarbeiter rekapitulieren, was notiert und beschlossen worden ist, und anschließend die Pläne niederschreiben. Lassen Sie sich eine Kopie geben.

Auswirkungen auf die fünf Säulen des Mitarbeiterengagements

Schauen Sie sich einmal an, welche Auswirkungen die Festlegung von Leistungsplänen auf die Säulen des Mitarbeiterengagements hat. (Nähere Einzelheiten über die fünf Säulen des Mitarbeiterengagements finden Sie in Kapitel 2.)

- **Fokus:** Leistungspläne haben große Auswirkungen auf den Fokus, da sie den Mitarbeitern zeigen, welche ihre Prioritäten sind und was geleistet werden muss.

Sorgen Sie dafür, dass die Leistungspläne ergebnisorientiert sind und den SMART-Richtlinien entsprechen.

- **Beteiligung:** Da die Pläne zusammen mit den Mitarbeitern erstellt werden, haben diese einen direkten Einfluss auf die Gestaltung der Ziele und Standards.

Die wichtigste Voraussetzung für den Einsatz der Leistungsplandefinition besteht darin, sie *gemeinsam* mit dem Mitarbeiter vorzunehmen.

- **Entwicklung:** Dadurch, dass in Leistungsplänen auch die berufliche Weiterentwicklung angesprochen wird oder Mitarbeiter veranlasst werden, sich mit Themen zu beschäftigen, die ihre Fähigkeiten und Kenntnisse erweitern, wird auch diese Säule beeinflusst. Sie erzielen die für das Unternehmen wichtigen Ergebnisse und bilden sich gleichzeitig weiter.
- **Anerkennung:** Diese Säule wird weniger stark beeinflusst. Dennoch stellen Ihnen gerade die Leistungspläne die Kriterien zur Verfügung, die Sie für Ihr Feedback und die Anerkennung der Mitarbeiterleistung benötigen. Vielen Menschen verschafft die Erreichung eines Ziels auch persönliche Befriedigung.
- **Verantwortung:** Dadurch, dass Sie die Leistungspläne stets präsent haben und in den Gesprächen zwischen Ihnen und Ihren Mitarbeitern erwähnen, betonen Sie deren Verantwortung für die Umsetzung ihrer Pläne. Die Mitarbeiter können ihre eigenen Fortschritte messen und genießen ein Erfolgserlebnis, wenn sie ihre Ziele erreicht haben. Und ganz sicher wissen sie auch, welche Ergebnisse Sie von ihnen erwarten.

Teil III

Mitarbeiter beurteilen im Mitarbeiter- und Bilanzgespräch

»Die Crew möchte Sie sprechen, Kapitän Columbus. Da immer noch weit und breit kein Land in Sicht ist, würden sie gerne noch einmal Ihren mitreißenden Motivationsvortrag hören.«

In diesem Teil ...

Mitarbeiterbeurteilungen gehören in den meisten Unternehmen und in der öffentlichen Verwaltung zum Standard und werden meist einmal im Jahr durchgeführt. In der Beurteilung erfährt der Mitarbeiter, wie seine Leistungen bewertet werden.

In diesem Teil erfahren Sie, wie Sie mithilfe des Mitarbeitergesprächs, des Bilanzgesprächs und der Nachbereitung den Prozess der Mitarbeiterbeurteilung für alle gewinnbringend gestalten.

Das Mitarbeitergespräch 7

In diesem Kapitel

- Auf dem Laufenden bleiben
- Vorteile von regelmäßigen Mitarbeitergesprächen

Wenn es Ihnen wie den meisten Führungskräften geht, haben Sie schon genug damit zu tun, den Überblick über die eigene Arbeit zu behalten. Und zusätzlich sollen Sie auch noch die Projekte und Aufgaben Ihrer Mitarbeiter im Auge behalten. Aber dennoch sind Sie es, der deren Ergebnisse verantworten muss.

Es gibt viele Führungskräfte, die entweder ständig hinter ihren Mitarbeitern her sind und jedes Detail ihrer Arbeit überprüfen oder alles irgendwie laufen lassen und hoffen, dass nichts schiefgeht. Keine dieser Methoden funktioniert sehr gut, wenn man anständige Ergebnisse wünscht und den Mitarbeitern Verantwortung übertragen will.

Hier nun die bessere Lösung: Das Mitarbeitergespräch ist eine effiziente Möglichkeit, sowohl die Verantwortungsbereitschaft der Mitarbeiter anzusprechen als auch deren Ergebnisse zu fördern und zu verbessern.

Mitarbeitergespräche werden in der Regel als Einzelgespräche durchgeführt. Geht es um die Besprechung eines teamorientierten Projekts, können Sie dieses Gespräch auch mit der gesamten Gruppe führen. In diesem Fall müssen die Beiträge der einzelnen Mitglieder aber auch wirklich relevant sein, damit das Team die Besprechung nicht als langweilige Zeitverschwendung empfindet.

Mitarbeitergespräche durchführen

Ziel des Mitarbeitergesprächs ist die Überprüfung des Arbeitsfortschritts eines Mitarbeiters im Hinblick auf seine aktuellen Projekte oder Schlüsselaufgaben und die weitergehende Planung derselben. Das Mitarbeitergespräch sollte kurz sein und nicht länger als 30 Minuten dauern. Ich schlage dazu die Verwendung eines *Protokollbogens* (siehe Abbildung 7.1) vor, auf dem Sie den Ablauf der Besprechung aufzeichnen können:

- ✔ *Zwischenziele:* Der Mitarbeiter weiß, über welche Arbeitsfortschritte er berichten soll. Diese Einzelpunkte erscheinen im Protokoll in dieser Spalte. Er berichtet nacheinander über die in den einzelnen Punkten erzielten Arbeitsfortschritte. Das Zwischenziel ist die Erledigung der Aufgabe innerhalb einer bestimmten Zeit.
- ✔ In der Spalte *Fälligkeit* wird normalerweise das Datum der Besprechung stehen. Es kann aber auch ein anderes Datum, wie beispielsweise der Termin eines Projektmeilensteins sein. Im letzteren Fall berichtet der Mitarbeiter über seine Fortschritte hinsichtlich dieses Meilensteins.
- ✔ *Stand*: Nach jedem einzelnen Punkt auf der Liste tragen Sie und der Mitarbeiter den jeweiligen Arbeitsfortschritt bis zum Fälligkeitstag in die Spalte *Stand* ein.

Ihr Beitrag zu diesem Gespräch beschränkt sich darauf, zuzuhören, Fragen zu stellen, wenn Sie weitere Einzelheiten brauchen, und das notwendige konstruktive Feedback zu liefern. Der Mitarbeiter bestreitet den größten Teil des Gesprächs. Die Verantwortung für die Leistung des Mitarbeiters ist da, wo sie hingehört, nämlich beim Mitarbeiter. Großartig, oder?

Nachdem der Mitarbeiter über den Stand der einzelnen Punkte berichtet hat, legen Sie gemeinsam die Zwischenziele für das nächste Mitarbeitergespräch fest. Der Mitarbeiter trägt die Punkte in sein Protokoll ein und sendet Ihnen anschließend eine Kopie.

Sollten Ihnen bei der Berichterstattung des Mitarbeiters Probleme auffallen, müssen Sie diese gemeinsam mit ihm lösen und entsprechende Maßnahmen beschließen. Bei größeren Problemen können Sie sich diesen sofort widmen – vorausgesetzt, Ihre Zeit lässt dies zu. Falls nicht, müssen Sie für die nähere Zukunft ein weiteres Meeting ansetzen, um dieses Einzelproblem zu lösen.

Auf dem Laufenden bleiben

Mitarbeitergespräche helfen Ihnen und Ihren Mitarbeitern, hinsichtlich der aktuellen Projekte und Schlüsselaufgaben auf dem Laufenden zu bleiben. Aus genau diesem Grund funktionieren sie auch dann am besten, wenn Sie diese Besprechungen regelmäßig abhalten. Ich empfehle eine Frequenz von einer oder zwei Wochen. Bedenken Sie aber: Bei den Mitarbeitern, die eher Routineaufgaben erledigen und deren Arbeit nicht projektorientiert ist, müssen Sie sie nicht so regelmäßig ansetzen.

Mitarbeitergespräche sind ein sehr effizientes Instrument für das Management von Projekten und

Schlüsselaufgaben. Sie sind erstens schnell und konzentrieren sich zweitens auf folgende Punkte:

- Stand der Teilprojekte
- Bei Bedarf schnelle Problemlösung
- Neue Zwischenziele für das nächste Meeting

Nach der Definition der nächsten Zwischenziele sollten Sie das Treffen mit der Festlegung eines Termins für das nächste Gespräch abschließen. Machen Sie Ihre Erwartung deutlich, dass der Mitarbeiter dafür verantwortlich ist, dass das nächste Treffen stattfinden kann. So halten Sie den Ball im Spiel und betonen gleichzeitig, dass die Verantwortung für die Besprechung beim betreffenden Mitarbeiter liegt. Großartig, oder?

Vorteile von Mitarbeitergesprächen

Wenn sie regelmäßig durchgeführt werden, können Mitarbeitergespräche Ihnen und Ihren Mitarbeitern erhebliche Vorteile bescheren:

- Sie können langfristige Projekte in kleinere Abschnitte unterteilen, die für den Mitarbeiter besser beherrschbar sind.
- Sie stellen dem Mitarbeiter ein Instrument zur Verfügung (das Protokoll), mit dem er sich auf seinen Bericht zum Arbeitsfortschritt in wichtigen Projekten vorbereiten kann.
- Sie vermeiden Frustrationen bei den Mitarbeitern, die bei der sonst üblichen »Verhörmethode« zur Ermittlung des Arbeitsfortschritts entstehen.

- Sie helfen Ihnen und Ihren Mitarbeitern, die Ergebnisse wie im Verkaufs-, Produktions- oder Kundendienstbereich zu beobachten.
- Sie geben Ihren Mitarbeitern die Gelegenheit, die Aufmerksamkeit auf die Aspekte der Arbeit zu konzentrieren, die besonders beachtet werden müssen. Sie können ihnen Herausforderungen bieten, wenn sie zu lasch in den Erwartungen dessen sind, was sie leisten können. Auf der anderen Seite können Sie sie auch daran hindern, sich mehr zuzumuten, als sie vernünftigerweise innerhalb eines vorgegebenen Zeitraums schaffen können.
- Sie stellen sinnvoll genutzte Zeit dar. Sie wissen besser darüber Bescheid, wie Ihre Mitarbeiter mit ihrer Arbeit vorankommen und was sie produzieren. Sie müssen nicht mehr hinter ihnen herlaufen, um Informationen zu erhalten, und die Mitarbeiter müssen nicht länger ihre Zeit damit verschwenden, wöchentliche Berichte über ihre Aktivitäten zu verfassen.
- Sie fördern die Verantwortlichkeit der Mitarbeiter. Es reicht nicht mehr, dass die Mitarbeiter beschäftigt aussehen. Sie tragen Verantwortung für die Erledigung ihrer Aufgaben. Mithilfe von Mitarbeitergesprächen können Sie den Erfolg der Mitarbeiter unterstützen. Wenn Probleme auftauchen, können Sie ihnen rechtzeitig bei deren Lösung helfen.
- Die Mitarbeiter wissen nach dem Gespräch genau, was von ihnen erwartet wird und welche Aufgaben welche Priorität haben.

Wenn Sie regelmäßig Mitarbeitergespräche durchführen, müssen Sie nicht ständig hinter Ihren Mitarbeitern her sein, um festzustellen, wie sie mit ihrer Arbeit fertig werden. Wenn Sie über eine bestimmte Aufgabe oder ein bestimmtes Problem informiert werden wollen, lassen Sie es von Ihren Mitarbeitern einfach in das Protokoll aufnehmen. Legen Sie anschließend die Häufigkeit fest, mit der Sie informiert werden wollen – einmal wöchentlich oder einmal alle zwei Wochen. So sorgen Sie dafür, dass Ihre Mitarbeiter ihrer Arbeit störungsfrei nachgehen können.

Das Bilanzgespräch 8

In diesem Kapitel

- Den Gesamtzustand im Blick behalten
- Der Ablauf eines Bilanzgespräches

Wenn Sie zum jährlichen Check-up beim Arzt gehen, wollen Sie herausfinden, wie es um Ihren gesundheitlichen Zustand bestellt ist. Sie warten nicht, bis Sie krank werden, um einen Gesundheits-Check durchführen zu lassen. Sinn und Zweck eines Check-ups ist die Prävention – die umfassende Überprüfung Ihrer Gesundheit und die möglichst frühzeitige Diagnose von Krankheiten. Die zweite Möglichkeit zur regelmäßigen Leistungsüberprüfung von Mitarbeitern ist das Bilanzgespräch. Es läuft ähnlich ab wie das Check-up beim Arzt.

Das Ziel von Bilanzgesprächen ist, die Gesamtleistung eines Mitarbeiters zu überprüfen und die zu erreichenden Ziele neu festzulegen, um den Mitarbeiter auf die neuen Prioritäten zu lenken. Einfach ausgedrückt: Diese Besprechung ist eine Mini-Leistungsüberprüfung, die ohne Formalitäten und eine abschließende Bewertung durchgeführt wird.

Das Bilanzgespräch unterscheidet sich erheblich vom Mitarbeitergespräch. Mitarbeitergespräche werden durchgeführt, weil Sie sich hinsichtlich der aktuellen Projekte und entscheidenden Aufgaben auf dem Laufenden halten wollen. In einem Bilanzgespräch informieren Sie sich über den Gesamtzustand der laufenden Projekte.

In diesem Gespräch können Sie gemeinsam mit Ihren Mitarbeitern untersuchen, wie es um deren Gesamtleistung bestellt ist. Deshalb werden sie auch weniger häufig durchgeführt als Mitarbeitergespräche. Ich empfehle, Bilanzgespräche alle drei Monate zu führen. Während Sie Mitarbeitergespräche durchaus vergessen können, da deren Beitrag zur Projektarbeit eher gering ist, ist das Bilanzgespräch ein Muss, wenn Sie sich Ihr Leben etwas angenehmer gestalten möchten.

Ablauf eines Bilanzgesprächs

Ein Bilanzgespräch wird als persönliches Gespräch zwischen Ihnen und Ihrem Mitarbeiter durchgeführt. Dieses Meeting ist informell und lässt sich in drei Schritte unterteilen:

1. **Sie überprüfen gemeinsam mit Ihrem Mitarbeiter dessen Fortschritte im Hinblick auf das Ziel oder den Standard, das oder der im Leistungsplan festgelegt wurde.**

   Für dieses Gespräch können Sie auch das Instrument der Selbstkritik einsetzen. Lassen Sie deshalb den Mitarbeiter zuerst erzählen und geben Sie Ihr Feedback zu dessen Fortschritten bei den unterschiedlichen Aufgaben. Stellen Sie Fragen, wenn Sie nähere Einzelheiten erfahren wollen. Hören Sie aufmerksam zu und denken Sie über alles bisher Gehörte nach, um sicherzugehen, dass Sie die Argumente des Mitarbeiters auch richtig verstanden haben.

Hier ein Beispiel dafür, wie Sie den Mitarbeiter in einer solchen Besprechung auffordern könnten, seine Leistung selbst zu bewerten. »Was haben Sie in Bezug auf Ihr erstes Ziel, nämlich 25 Prozent mehr Kirschbäume zu pflanzen, bisher erreicht?«

Ihr Mitarbeiter wird Ihnen dann die Einzelheiten seines Fortschritts präsentieren. Danach fassen Sie seinen Bericht noch einmal mit eigenen Worten zusammen: »Mit anderen Worten: Sie haben also Kirschbäume gefällt, anstatt neue anzupflanzen. Ist das richtig?« Der Mitarbeiter bestätigt Ihre Zusammenfassung, und Sie geben ihm Ihr Feedback in Bezug auf das Ziel, das in diesem Fall folgendermaßen aussehen könnte: »Wenn ich richtig verstanden habe, dann ... Lassen Sie mich jetzt mal Ihre Einschätzung zu Ziel 2 hören.«

> ***Die beste Kritik ist Selbstkritik***
>
> Mit einem derart strukturierten und nichtkonfrontativen Ansatz zur Selbstkritik werden Sie feststellen, dass die Mitarbeiter ihre eigene Leistung kritischer betrachten, als Sie es selbst tun würden. Wenn das geschieht, sollten Sie ihnen nicht widersprechen: Ihre Mitarbeiter können sich selbst besser antreiben, als Sie es könnten. Wenn Sie den Mitarbeiter um dessen Feedback bitten, werden Sie in den meisten Fällen selbst nicht viel hinzufügen müssen. Bekräftigen Sie lediglich die angeführten Argumente.

2. **Diskutieren Sie mit Ihrem Mitarbeiter, ob die Ziele und Pläne verändert werden müssen.**

   Falls sich neue Prioritäten herauskristallisiert haben, bauen Sie und Ihr Mitarbeiter diese Prioritäten in den neuen Leistungsplan ein. Damit stellen Sie sicher, dass der Leistungsplan aktuell bleibt und die Gesamtleistung berücksichtigt wird.

   Manchmal geschieht es aber auch, dass das Ziel zwar in Ordnung ist, der Mitarbeiter jedoch nicht die gewünschte

Leistung erbracht hat. In diesem Fall müssen die Pläne modifiziert werden, um den Mitarbeiter wieder auf das Ziel auszurichten. Fragen Sie ihn deshalb zuerst nach seinen Vorstellungen: »Was wollen Sie unternehmen, um die gewünschte Anzahl an Kirschbäumen zu pflanzen?«

3. **Lassen Sie Ihren Mitarbeiter die gemeinsam beschlossenen Veränderungen rekapitulieren und legen Sie einen Termin fest, an dem der Mitarbeiter Ihnen eine Kopie der geänderten Leistungspläne geben kann.**

   Lassen Sie immer den Mitarbeiter die Änderungen notieren, da es sich um *seine* und nicht um etwa *Ihre* Pläne handelt. Sie notieren sich die wichtigsten Punkte des Bilanzgesprächs für Ihre Unterlagen.

Es kann auch ganz hilfreich sein, wenn Sie diese Dokumentation in einem Memo mit einer Kopie für den Mitarbeiter zusammenfassen. Lassen Sie ihn aber vorher wissen, dass Sie diese Absicht haben. Sorgen Sie dafür, dass das Memo nicht länger als eine Seite wird.

Den größten Nutzen bringen Bilanzgespräche, wenn sie vierteljährlich durchgeführt werden. Diese Einzelgespräche sollten normalerweise nicht länger als eine Stunde dauern. Wird die große Mitarbeiterbeurteilung einmal pro Jahr durchgeführt, treffen Sie sich drei Mal pro Jahr mit jedem Ihrer Mitarbeiter, um dessen Gesamtleistung zu überprüfen. In der vierten Besprechung erfolgt dann die formelle Überprüfung.

Vorteile des Bilanzgesprächs

- **Bilanzgespräche sind eine wertvolle Zeitinvestition.** Diese einstündigen Einzelgespräche verschaffen Ihnen einen Überblick über die Gesamtleistung Ihres Mitarbeiters und informieren ihn darüber, wie Sie seine Leistung beurteilen. Besser kann man seine Zeit nicht nutzen. Beide Parteien lassen ihre Arbeit eine Stunde lang liegen, um sich darüber zu unterhalten, welche Ziele erreicht worden sind und wie es weitergehen soll.
- **Bilanzgespräche informieren die Mitarbeiter darüber, inwieweit sie ihre Ziele erfüllt haben.** Die Diskussionen konzentrieren sich auf die erreichten Ziele, stimulieren den Mitarbeiter zur Übernahme von Verantwortung und lassen keine Entschuldigungen zu. Auch ein gutes Ergebnis!
- **Bilanzgespräche gestalten Ihr Leistungsmanagement flexibler,** weil sie es Ihnen erlauben, die Leistungspläne auf dem neuesten Stand zu halten. Es gibt nichts Schlimmeres, als am Ende des Beurteilungszeitraums den Mitarbeiter an einem Ziel zu messen, das überhaupt nicht mehr aktuell ist.
- **Bilanzgespräche vermeiden Überraschungen.** Bei der formellen Überprüfung und dem begleitenden konstruktiven Feedback, einschließlich des erforderlichen Mitarbeitergesprächs, erfahren die Mitarbeiter, wo sie in puncto Leistung stehen. Es gibt keine bösen Überraschungen!
- **Bilanzgespräche beseitigen mögliche Diskrepanzen in der Beurteilung der Mitarbeiterleistung.** Wenn der Mitarbeiter und der Vorgesetzte unterschiedlicher Meinung

über dessen Leistung sind, lassen sich die Diskrepanzen aus der Welt schaffen. Der Mitarbeiter kennt den Standpunkt des Vorgesetzten und muss jetzt Leistung erbringen, um die Meinung des Vorgesetzten zu ändern.

- ✔ **Bilanzgespräche sind eine wertvolle Unterstützung.** Wenn Sie dieses Gespräch mit einer Selbstkritik des Mitarbeiters verbinden, werden Sie selbst mehr als die Hälfte der Zeit lediglich zuhören müssen. Damit demonstrieren Sie, dass Sie sich sowohl um die Probleme als auch um die Erfolge der Mitarbeiter kümmern. Die gemeinsame Überarbeitung der Leistungspläne erlaubt die Neuausrichtung des Mitarbeiters auf die nächsten Ziele.

Die Nachbereitung 9

In diesem Kapitel

- ✔ Nachbereitung ist wichtig
- ✔ Auswirkungen auf das Mitarbeiterengagement

In der Wirtschaft wie im Alltag ist es doch immer dasselbe: Wichtige Ereignisse treten ein, und nachdem sie wieder vorbei sind, holen alle Beteiligten einmal tief Luft und wenden sich sofort wieder anderen Problemen zu. Wenn dann später ein ähnliches Ereignis eintritt, sind alle wieder furchtbar beschäftigt und machen genau die gleichen Fehler wie beim vorigen Mal. Das geschieht bei Messen, in der Produktentwicklung und bei vielen anderen Projekten. Es ist manchmal schon ganz erstaunlich, wie oft Vorgesetzte und Mitarbeiter den gleichen Fehler wiederholen.

Die Nachbereitung ist ein Instrument zur Leistungskontrolle, das diesem Übel abhelfen kann.

Der Grund für die Nachbereitung ist die Überprüfung der Ergebnisse von Projekten oder anderen leistungsbezogenen Ereignissen und die praktische Umsetzung der daraus gewonnenen Erkenntnisse.

Checkliste für die Nachbereitung

Die Nachbereitung kann entweder als Einzel- oder als Gruppengespräch durchgeführt werden – wenn das zu besprechende Ereignis für das ganze Team relevant ist. Im Allgemeinen lassen sich die meisten Nachbereitungen in einer halben bis ganzen Stunde erledigen. (Bei Teambesprechungen können sie etwas länger dauern.)

Obwohl Sie auch einer der Teilnehmer dieser Besprechung sind, ist jedoch Ihre wesentliche Funktion die eines »Katalysators«. Die Nachbereitung lässt sich in vier Schritte unterteilen:

1. **Ziehen Sie Ihre Schlüsse aus der bisher geleisteten Arbeit am betreffenden Projekt.**

   Zwei Fragen müssen beantwortet werden:

   - Was hat in diesem Projekt gut funktioniert? Was war erfolgreich?
   - Was hat nicht so wie erwartet oder gewünscht funktioniert?

   Lassen Sie den Mitarbeiter zuerst auf die beiden Fragen antworten und gehen Sie dann zum nächsten Punkt über – ohne Kommentar oder weitere Diskussion.

   Wenn dieses Gespräch als Teambesprechung durchgeführt wird, gehen Sie nach dem gleichen Muster vor: Lassen Sie die Fragen nacheinander von den einzelnen Teammitgliedern beantworten – ohne anschließende Diskussion. Lassen Sie die Antworten auf einer Tafel oder Ähnlichem aufzeichnen, damit sie von allen gesehen werden können. Beginnen Sie anschließend die Diskussion. Konzentrieren Sie sich dabei darauf, die wichtigsten Schlüsse herauszuarbeiten.

> ***Berücksichtigen Sie alle Details des Projekts***
>
> In einem derartigen Gespräch vermitteln Sie Ihren Mitarbeitern wertvolle Lektionen, die ihnen helfen können, in Zukunft effizienter zu arbeiten. So nehmen Sie außerdem die Mitarbeiter in die Pflicht, weil sie diejenigen sind, die die gelernten Lektionen umsetzen sollen.

2. **Konzentrieren Sie das Gespräch auf die künftig zu unternehmenden Schritte und Aktivitäten.**

   Hören Sie sich zuerst die Ideen Ihrer Mitarbeiter an und tragen Sie dann Ihre eigenen Vorstellungen bei. Häufig können Sie dieses Gespräch auch als Brainstorming durchführen, in dem Sie sich gegenseitig die Ideen zuwerfen. Beginnen Sie dabei aber keine Diskussion, um den Ideenfluss nicht zu unterbrechen. Lassen Sie alle Ideen und Vorstellungen notieren, sodass sie für alle sichtbar sind. Fokussieren Sie die Ideen auf zwei Fragen:

   - Welche Aktivitäten sind erforderlich, um weiterhin erfolgreich zu bleiben?
   - Welche Verbesserungen sind zur Effizienzsteigerung möglich?

3. **Diskutieren Sie die Ideen und entscheiden Sie gemeinsam, welche tatsächlich umgesetzt werden sollen.**

   Lassen Sie die gemeinsam beschlossenen Aktivitäten zusammen mit den im ersten Teil gezogenen Schlussfolgerungen notieren.

4. **(Das Folgende geschieht in der Zukunft!) Nutzen Sie die in der Besprechung dokumentierten Informationen für die Planung des neuen Projekts.**

   Vorteil: Sie können aus vergangenen Erfahrungen lernen und sind nicht dazu verdammt, Fehler zu wiederholen.

Die Vorteile der Nachbereitung

Nachbereitungen lassen sich am besten am Ende eines wichtigen Projekts oder einer speziellen Veranstaltung durchführen. Machen Sie die Nachbereitung zu einem Teil der Arbeitsabläufe, damit sie nicht vergessen werden kann. Geben Sie aber immer vor Beginn des zu bewertenden Vorgangs Ihren Mitarbeitern bekannt, dass Sie anschließend eine Nachbereitung durchführen werden.

Die Nachbereitung bietet folgende Vorteile:

- **Bei der Bewertung lernen die Mitarbeiter zu analysieren.** Langes Herumreiten auf Problemen und Schuldzuweisungen haben keinen Platz in diesem Prozess. Die Mitarbeiter lernen, sich auf Lösungen zu konzentrieren, weil eine Nachbereitung erst dann abgeschlossen ist, wenn Lösungen oder Schritte für das nächste Mal erarbeitet worden sind. Das ist eine sehr positive und dynamische Erfahrung.
- **Sie haben Gelegenheit, zuzuhören und den Mitarbeitern etwas beizubringen.** Der Mitarbeiter stellt zuerst seine Ideen vor. Sie nehmen die Rolle des Zuhörers, Unterstützers und natürlich des Lehrers wahr, weil Sie die Gelegenheit nutzen wollen, den Mitarbeitern anhand von

Fehlern und Erfolgen aus der Vergangenheit zu zeigen, was sie beim nächsten Mal besser machen können.

- ✔ **Sie und Ihre Mitarbeiter nutzen ihre Zeit optimal.** Die Nachbereitung ist sinnvoll investierte Zeit, in der Sie das Vergangene noch einmal durchdenken, aus den Erfahrungen lernen und Maßnahmenkataloge für die Zukunft entwerfen können – alles in allem also eine produktive Veranstaltung, die dabei hilft, auch in Zukunft gute Ergebnisse zu erzielen.

Die Auswirkungen auf das Engagement der Mitarbeiter

Als Instrumente zur regelmäßigen Leistungskontrolle verwendet, haben Mitarbeitergespräche, Bilanzgespräche und die Nachbereitung positive Auswirkungen auf das Engagement Ihrer Mitarbeiter. Schauen Sie sich einmal an, wie diese Instrumente auf die fünf Säulen des Mitarbeiterengagements wirken:

- ✔ **Fokus:** Alle drei Coaching-Instrumente helfen, dass sich die Mitarbeiter auf die gewünschte Richtung konzentrieren. Nach diesen Gesprächen kennen die Mitarbeiter die Ziele, Pläne und Prioritäten, auf die sie sich konzentrieren müssen. Sie müssen nicht lange herumrätseln, für welche Aufgaben sie ihre Zeit aufwenden sollen, um die gewünschten Ziele erreichen zu können.
- ✔ **Beteiligung:** Alle drei Coaching-Besprechungen zur regelmäßigen Leistungskontrolle werden als Einzelgespräche durchgeführt, bei dem der Mitarbeiter den größten Teil des Gesprächs führt. Die Beiträge des Mit-

arbeiters gestalten die Maßnahmenliste des Mitarbeitergesprächs, aufgrund ihrer Ideen werden Leistungspläne im Bilanzgespräch erstellt und ihre Fehler und Erfolge dienen in der Nachbereitung als wertvolle Erfahrung, aus der alle lernen. In all diesen Besprechungen ist die aktive Teilnahme erwünscht und gefordert.

- ✔ **Entwicklung:** Diese Säule wird in der Nachbereitung besonders gestärkt. Während des Mitarbeitergesprächs und des Bilanzgesprächs ergeben sich häufig Gelegenheiten zur Erweiterung der Erfahrungen, Fertigkeiten und Kenntnisse der Mitarbeiter, die ihnen zukünftig helfen können. Aber was noch wichtiger ist: Wenn sie die Ergebnisse der eigenen Leistung kontrollieren können, entwickeln sie auch ein größeres Selbstbewusstsein.
- ✔ **Anerkennung:** Mitarbeitergespräch, Bilanzgespräch und Nachbereitung haben positive Auswirkungen auf diese Säule, weil die Anerkennung der Erfolge ein Bestandteil dieser Besprechungen ist. Die informelle Natur dieser Besprechungen erlaubt ein umfangreiches Feedback von Ihrer Seite.
- ✔ **Verantwortung:** Das Wichtigste, was in diesen Kontrollbesprechungen getan wird, ist die Überprüfung von Ergebnissen. So lange Sie sich an die Regeln halten, die Besprechungen abhalten und ihre organisierte und kooperative Struktur beachten, werden es die Mitarbeiter sein, die die Hauptverantwortung für die Überprüfung und Berichterstattung der Ergebnisse ihrer Leistung tragen. Sie können außerdem ihre Leistungen verfolgen und die damit erzielten Erfolge – und dabei das Gefühl erleben, mit ihrer Leistung etwas bewirkt zu haben.

Teil IV

Mitarbeiter motivieren

»Ich finde, Herr Meier sollte befördert werden. Er hat Visionen, Antriebskraft und: der große weiße Hut hat schon was.«

In diesem Teil ...

In diesem Teil erfahren Sie, was Motivation bedeutet, und lernen darüber hinaus praktische Strategien zur Stimulation der Mitarbeiterleistung kennen.

Motivation – viel Preis ohne Schweiß 10

In diesem Kapitel

- ✔ Motivationsfaktoren und Belohnungen, die sich positiv auswirken
- ✔ Motivation und Gehalt – eine Beziehungsgeschichte

Bei der Mitarbeitermotivation geht es nicht darum, als Vorgesetzter Ihre Mitarbeiter durch eine mitreißende Rede zu fesseln, sie an- oder aufzuregen und so zu Höchstleistungen anzuspornen. Motivation ist etwas völlig anderes. Lesen Sie weiter!

Das Wichtigste über Motivation

Bei der Motivation liegt der Akzent auf der Handlung. Betrachten Sie Motivation als etwas, das einen Menschen dazu veranlasst, etwas zu tun oder zu leisten. Motivation ist also das Schaffen von Bedingungen, die einen Mitarbeiter dazu anregen, ein möglichst produktives Leistungsniveau zu erreichen.

Sie können als Vorgesetzter die Bedingungen zur Anregung von Leistung beeinflussen. Sie können die Motivationsfaktoren der Leute beeinflussen – das heißt, die Faktoren, die einen Menschen zum Handeln anregen. Sie können zur Motivation außerdem Belohnungen anbieten – das heißt, Dinge, die die Mitarbeiter dafür erhalten, dass sie etwas Besonderes erreichen.

Je besser die Moral, desto weniger Prügel muss man einstecken

Die Überschrift dieses Abschnitts drückt ungefähr das aus, was viele Vorgesetzte leider – wissentlich oder unwissentlich – zur Motivation ihrer Mitarbeiter einsetzen.

Im Kern dieses Bildes steht die Angst. Angst verbreiten oder andere dazu bringen, Sie zu fürchten, kann ein starker Motivationsfaktor sein. Hier ein paar Beispiele, die Sie aber besser nicht zu Hause ausprobieren sollten:

- Streiten Sie mit einem Mitarbeiter, der eine andere Meinung vertritt.
- Feuern Sie einen Mitarbeiter plötzlich und ohne Vorwarnung – gewissermaßen als Botschaft für das Team.
- Bestrafen Sie Ihre Mitarbeiter für jeden kleinen Fehler, den sie machen.
- Schneiden Sie Ihren Mitarbeitern das Wort ab, wenn sie Bedenken äußern, und sagen Sie ihnen (im Befehlston), was zu tun ist.
- Kanzeln Sie einen Mitarbeiter öffentlich für einen Fehler ab.
- Kommentieren Sie die Vorschläge eines Mitarbeiters, die von Ihnen als wertlos angesehen werden, mit abfälligen Bemerkungen.
- Drücken Sie Ihren Ärger lautstark aus, wenn Probleme angesprochen werden.

Wenn Sie bereits in einer Führungsfunktion gearbeitet haben, werden Sie das eine oder andere Beispiel wahrscheinlich schon am eigenen Leibe erfahren haben – oder sind vielleicht auch selbst nach dieser Strategie vorgegangen.

Motivation durch Angst erzeugt Gehorsam, kein Engagement

Motivation durch Angst bringt Gegenmeinungen zum Schweigen, anstatt Gedanken anzuregen, und zerstört die Moral, anstatt sie zu verbessern. Ihre Wirkung tritt zwar meistens sofort ein, ist aber eher von kurzer Dauer. Wenn Sie also schreien, Befehle herausbrüllen oder bedrohlich auftreten, um Ihre Mitarbeiter zu Leistung anzuspornen, wird der nachhaltige Einfluss auf ihre Motivation eher gering sein.

Verbreiten Sie keine Angst – motivieren Sie positiv

Wenn Sie sich in einer stressigen und problematischen Situation befinden, legen Sie erst einmal fest, welche Arbeitsergebnisse Sie erreichen möchten. Bestimmen Sie danach die Mittel, mit denen Sie diese Arbeitsergebnisse erreichen wollen und die Ihre Mitarbeiter auch unterstützen und nicht sabotieren werden. Dazu gehört zum Beispiel das gemeinsame Lösen von Problemen, Ziele setzen, Erwartungen deutlich machen und Überprüfungen des Arbeitsfortschritts durchführen. Dabei müssen Sie gleichzeitig positiv und bestimmt auftreten.

Welche Motivationsfaktoren oder Belohnungen gibt es also, die die Leistung der Mitarbeiter positiv stimulieren können? Hier eine (alles andere als vollständige) Liste mit Beispielen für Motivationsfaktoren und Belohnungen:

- Eine gute Leistungsbeurteilung
- Würdigung der Leistung durch die Unternehmensführung
- Artikel in der Firmenzeitung, in der die guten Leistungen erwähnt werden
- Selbstständiges Arbeiten
- Weitergabe von Informationen
- Pralinen und Blumen als Anerkennung
- Aufmerksamkeit von anderen
- Handy, Notebook
- Anspruchsvolle Aufgaben
- Möglichkeiten zum Einsatz der eigenen Kreativität geben
- Die Chance geben, Lösungen zu entwickeln und Probleme zu überwinden
- Die Möglichkeit geben, ein interessantes Projekt zu leiten
- Die Chance geben, Neues zu lernen
- Die Möglichkeit von Dienstreisen
- Freie Auswahl der Arbeits- und Urlaubszeiten
- Schulungsmaßnahmen
- Kontrolle über die eigene Arbeit
- Gehaltszuschüsse für die persönliche Fortbildung
- Sonderurlaub

- ✔ Familienfreundliche Umgebung
- ✔ Flexible Arbeitszeiten
- ✔ Schöneres Büro
- ✔ Gute Kommunikation mit dem Chef und eine vertrauensvolle Beziehung
- ✔ Prämien oder Provisionen, Gehaltserhöhung
- ✔ Ausflüge mit dem Team oder andere Aktivitäten
- ✔ Beteiligung an Besprechungen, Entscheidungen oder Planung
- ✔ Essen auf Firmenkosten
- ✔ Vorgesetzter setzt sich für den Mitarbeiter und seine Ideen ein
- ✔ Neue Büroausstattung oder neues Werkzeug
- ✔ Bezahlte Mitgliedschaft im Fitnessclub
- ✔ Parkplatz
- ✔ Persönlicher Glückwunsch zu besonderen Anlässen
- ✔ Positives Feedback
- ✔ Gewinnbeteiligung
- ✔ Beförderung
- ✔ Öffentliche Anerkennung
- ✔ Repräsentation zu besonderen Anlässen
- ✔ Der Mitarbeiter erlebt, wie seine Ideen in die Tat umgesetzt werden
- ✔ Interesse an der Karriere eines anderen zeigen

- ✔ Spezielle Projekte und Aufgaben
- ✔ Unterstützung der Kollegen und zusätzliche Hilfsmittel
- ✔ Möglichkeit zur Arbeit von zu Hause aus
- ✔ Eintrittskarten für Sport- oder Konzertveranstaltungen
- ✔ Wochenendreise auf Firmenkosten

Diese Sammlung enthält sowohl interne als auch externe Motivationsfaktoren und Vergünstigungen und (bei aller Unvollständigkeit) viele Ideen, mit denen Vorgesetzte die Motivation des Mitarbeiters beeinflussen können. Wenn Ihnen weitere nützliche Motivationsfaktoren und Belohnungen einfallen, schreiben Sie sie einfach dazu.

Motivierende Faktoren betonen, demotivierende Faktoren ausschalten

Um verstehen zu können, was motiviert und was demotiviert, schauen Sie sich die folgenden Schritte an und beantworten Sie die entsprechenden Fragen:

1. **Schauen Sie sich einmal die folgenden Faktoren an, die einen Arbeitnehmer in irgendeiner Form beeinflussen können:**
   - Gehalt und zusätzliche Sozialleistungen
   - Interessante und anspruchsvolle Aufgaben
   - Arbeitsplatzsicherheit
   - Verantwortung
   - Entwicklungs- und Weiterbildungsmöglichkeiten
   - Richtlinien und deren Umsetzung

- Anerkennung
- Erfolgserlebnisse
- Arbeitsbedingungen und physische Umgebung
- Arbeitsbeziehungen und Mitgliedschaft in einem guten Team

2. **Fragen Sie sich selbst, welche Faktoren Sie selbst am meisten motivieren könnten.**
3. **Fragen Sie sich selbst, welche Faktoren Sie demotivieren würden oder Sie mit Ihrer Arbeitsplatzsituation unzufrieden machen würden.**
4. **Ordnen Sie die Liste von Schritt 1 nach Motivations- und Demotivationsfaktoren.**

   Obwohl jeder Leser hier sicherlich eine andere Antwort geben wird, gibt es dennoch ein bestimmtes Muster, das immer wieder anzutreffen ist (siehe Tabelle 10.1).
5. **Schauen Sie sich die Tabelle an und bestimmen Sie, welche der Faktoren Sie eher als unternehmensbezogen und welche eher als teambezogen bezeichnen würden.**

   Unternehmensbezogen sind die Richtlinien und Entscheidungen, die normalerweise von den leitenden Mitarbeitern aufgestellt und getroffen werden und die das Unternehmen als Ganzes betreffen. *Teambezogen* sind die Arbeitsweisen und Entscheidungen, die auf das Funktionieren des Teams wirken.

Wenn Sie sich die Faktoren auf der rechten Seite von Tabelle 10.1 anschauen, werden Sie feststellen, dass diese auf Unternehmensebene anzusiedeln sind. Wenn diese Faktoren nicht stimmen, führen sie zur Demotivation der Mitarbeiter und lenken von einer guten Leistung ab. Sind diese Faktoren aber in Ordnung, werden sie trotzdem nicht motivierend wirken, sondern höchstens die Unzufriedenheit verringern.

Motivationsfaktoren	**Demotivationsfaktoren**
Anerkennung	Arbeitsbedingungen
Erfolgserlebnisse	Sozialleistungen und Gehalt
Entwicklungs- und Weiterbildungsmöglichkeiten	Richtlinien und deren Umsetzung
Interessante und anspruchsvolle Aufgaben	Arbeitsplatzsicherheit
Verantwortung	
Arbeitsbeziehungen und Mitgliedschaft in einem guten Team	

Tabelle 10.1: Motivations- und Demotivationsfaktoren

Wenn die unternehmensbezogenen Faktoren in der rechten Spalte in Ordnung sind, werden sich die Leute an ihren Arbeitsplätzen wohlfühlen. Es sind aber in der Regel keine Stimulatoren, welche die Leistungen steigern könnten.

Was motiviert zu Leistung?

Die Faktoren, welche die Leute zur Leistung motivieren, haben immer etwas mit dem Job und weniger etwas mit dem Ort zu tun, an dem die Arbeit geleistet wird. Wenn sie eine anspruchsvolle Aufgabe, Entwicklungs- und Weiterbildungsmöglichkeiten haben oder wenn ihre Arbeit angemessen gewürdigt wird, hat das große Auswirkungen auf die Arbeitsleistung von Menschen. Dabei ist interessant, dass dies auch die Faktoren sind, die ein Vorgesetzter am besten steuern und beeinflussen kann.

Vorgesetzte haben die Möglichkeit, ihren Mitarbeitern anspruchsvolle Aufgaben mit Verantwortung zu übertragen, die ihnen das Gefühl geben können, etwas geleistet zu haben. Sie können sie auch dazu ermutigen, Gelegenheiten zum Lernen und zur eigenen Weiterentwicklung wahrzunehmen, und dadurch deren Aufstiegsmöglichkeiten verbessern. Der Vorgesetzte kann außerdem eine gut gemachte Arbeit anerkennen und dazu beitragen, ein Team zu formen, dessen Mitglieder reibungslos und produktiv zusammenarbeiten.

Wenn Sie Änderungen auf Teamebene durchsetzen wollen, sollten Sie folgende Punkte beachten:

✔ Achten Sie auf die Punkte, die die Mitarbeiter zur Leistung motivieren. Gehen Sie dabei nach dem Prinzip »So einfach wie möglich« vor: Richten Sie Ihr Augenmerk auf die Dinge, mit denen Sie Ihre Mitarbeiter möglichst positiv beeinflussen können.

- Wenn sich für ein Teammitglied Probleme mit den Demotivationsfaktoren ergeben, versuchen Sie, diese Probleme auf der nächst höheren Ebene korrigieren zu lassen.
- Arbeiten Sie zusammen mit Ihren Mitarbeitern an den Dingen, die ihren Job bereichern und ihnen das Gefühl der Teamzugehörigkeit geben können – alles mit dem Ziel guter Leistungen.

Sieben praktische Strategien, mit denen Sie Ihre Mitarbeiter motivieren 11

In diesem Kapitel

- Anerkennung und Begeisterung für die Arbeit als Motivationsfaktoren einsetzen
- Überprüfen, wie das eigene Verhalten zur Motivation beitragen kann

In Kapitel 10 habe ich mich eher den theoretischen Aspekten der Motivation gewidmet und Ihnen einige mögliche Motivationsfaktoren genannt. In diesem Kapitel beschäftige ich mich ausschließlich mit der praktischen Seite und stelle Ihnen sieben Strategien zur Motivation Ihrer Mitarbeiter vor. Diese Strategien möchte ich die *Großen Sieben* nennen.

Das Ziel ist Leistung

Haben Sie sich schon einmal die Frage gestellt: Was wollen wir mit der Motivation eigentlich erreichen? Die Antwort lautet *Leistung* und nicht etwa *Glück*.

Viele Führungskräfte konzentrieren sich bei der Motivation ihrer Mitarbeiter auf das falsche Ziel. Sie beurteilen die Motivation ihrer Mitarbeiter danach, welche Gefühle diese zeigen. Wenn die Mitarbeiter lachen und fröhlich sind, müssen sie ja wohl motiviert sein. Wenn sie sich beklagen, sind sie nicht mehr motiviert. Aber ist es wirklich so einfach?

Eigentlich möchte niemand unglückliche Mitarbeiter, aber das Glück oder Unglück der Mitarbeiter ist kein zentrales Thema. Motivation funktioniert dann am besten, wenn sie sich auf die Verbesserung oder Aufrechterhaltung der Leistung konzentriert.

Welche der beiden folgenden Teams würde Sie gerne als Vorgesetzter leiten?

- Team X ist äußerst leistungsfähig. Tatsächlich ist es sogar so, dass es gerade unter Zeitdruck besonders gut funktioniert und sowohl die erforderliche Quantität als auch die gewünschte Qualität erbringt. Natürlich sind auch hier nicht alle Mitglieder immer bester Laune.
- Team Y besteht aus den glücklichsten Menschen, die Sie sich nur vorstellen können. Sie sind freundlich und mögen sich alle sehr, zeigen aber bei der Arbeit keine besonders guten Leistungen. Qualität? Was ist das denn? Termine einhalten? Noch nie davon gehört! Verantwortung übernehmen? Morgen vielleicht! Don't worry, be happy!

Die meisten würden lieber Team X übernehmen. Dessen Mitglieder bringen Höchstleistungen. Sie haben zwar hin und wieder ihre Launen, stellen aber wenigstens etwas auf die Beine, und das auch noch in guter Qualität.

Glück ist ein Geisteszustand – eine persönliche Sache, die sich bei jedem anders ausdrückt. Verantwortlich für das Glück eines Menschen kann immer nur dieser selbst und niemand anders – insbesondere nicht dessen Vorgesetzter – sein.

Belohnen Sie das richtige Verhalten

Es ist völlig egal, in welcher Form Sie vorbildliches Verhalten belohnen – ob durch finanzielle oder andere Leistungen. Hauptsache, Sie belohnen überhaupt. Wie Sie eine vorbildliche Leistung auch würdigen – dass Sie sie überhaupt würdigen, erhöht die Wahrscheinlichkeit, dass diese Leistung wiederholt wird.

Würdigen Sie ein Verhalten, das Sie gerne auch in Zukunft sehen möchten. Wenn ein vorbildliches Verhalten anerkannt wird, wird es zum Normalfall. Wenn Sie vorbildliches Verhalten nicht entsprechend würdigen, erhöhen Sie die Wahrscheinlichkeit für eine sehr schwache Leistung. Belohnen Sie unerwünschte Verhaltensweisen, und Sie können sicher sein, dass diese weiterhin gezeigt werden.

Ermutigen Sie die Mitarbeiter zum richtigen Verhalten

Viele Führungskräfte verhindern unwissentlich genau das Verhalten, das sie von ihren Mitarbeitern eigentlich erwarten. Hier einige Beispiele:

- ✔ Wenn Mitglieder Ihres Teams versuchen, Sie über einen unangenehmen Vorfall zu informieren, beschimpfen Sie sie, weil Sie sich über die Information ärgern. Der Überbringer der schlechten Nachricht wird sozusagen hingerichtet.
- ✔ Wenn Mitarbeiter Ihre Hilfe oder Ihren Rat bei einem Problem suchen, reagieren Sie, als handele es sich bei dem Problem um eine Krise und erzeugen Stress bei allen Anwesenden.

- Wenn einer Ihrer Mitarbeiter Sie auf einen Fehler hinweist oder Ihre Meinung nicht teilt, greifen Sie ihn wegen der vermeintlichen Meuterei scharf an.
- Wenn einer Ihrer Mitarbeiter Ihnen Vorschläge anbietet, die Sie nicht mögen oder die Ihren eigenen Ideen widersprechen, unterbrechen Sie ihn, bevor er seine Erläuterungen beendet hat, oder reagieren mit Bemerkungen wie folgender: »Das funktioniert hier nicht!«

Ihr Augenmerk sollte immer darauf gerichtet sein, Ihren Mitarbeitern klarzumachen, was zu tun ist und wie sie sich professionell verhalten. Diese beiden Punkte sollen dazu beitragen, die Mitarbeiter dazu zu motivieren, ihr Verhalten in eine positive Richtung zu entwickeln.

Verteilen Sie Ihre Belohnungen kurzfristig

Zeit spielt eine entscheidende Rolle für die Wirksamkeit Ihrer Motivationsbemühungen. Je länger ein Mitarbeiter auf eine Anerkennung seiner guten Leistung warten muss, desto weniger wahrscheinlich wird die Belohnung eine dauerhafte Wirkung haben.

Wenn Sie Ihren Mitarbeitern zum Beispiel einmal im Jahr etwas über deren positiven Beiträge sagen und den Rest des Jahres schweigen, wird den Mitarbeitern dieses Feedback – obwohl gut gemeint – wenig oder gar nichts bedeuten.

Wenn Sie Ihren Mitarbeitern einmal jährlich eine Gehaltserhöhung geben, wird das kaum Auswirkungen auf deren Leistung für den Rest des Jahres haben. Ein Jahr ist eine zu lange Zeit, um auf die Anerkennung guter Leistung zu warten.

Suchen Sie nach Möglichkeiten, den Mitarbeiter so schnell wie möglich nach dem vorbildlichen Verhalten zu belohnen. Hier einige Möglichkeiten, wie Sie gute Leistungen kurzfristig belohnen können:

- **Incentive-Programme:** Ein Incentive-Programm bietet eine geldwerte Belohnung für gute Leistungen. Koppeln Sie die Belohnung an die Leistung und sorgen Sie dafür, dass die Auszahlungen regelmäßig erfolgen. Am sinnvollsten ist es, Incentive-Leistungen monatlich oder vierteljährlich auszuzahlen.

Je kürzer die Zeit bis zum Empfang der Incentive-Leistungen, desto stärker motivieren sie die Mitarbeiter zur Leistung.

- **Spontaner Bonus:** Ein Bonus ist eine Zusatzleistung, die nach dem Ermessen des Vorgesetzten bewilligt wird und von kleineren Beträgen bis hin zu mehreren Tausend Euro reichen kann. Wenn ein Mitarbeiter eine besonders hervorragende Leistung erbracht hat, wird er sofort oder wenig später mit einem Bonus belohnt. Diese Bonusart soll eine Überraschung sein und wird nicht in regelmäßigen Abständen gezahlt.
- **Geschenkgutscheine:** Auch Geschenkgutscheine werden nur dann vergeben, wenn ein Mitarbeiter gute Leistungen gezeigt hat. Gutscheine für ein Essen oder einen Hotelaufenthalt werden von den Arbeitnehmern in der Regel gerne angenommen.

- **Positives Feedback:** Positives Feedback ist billig und steht Ihnen jederzeit zur Verfügung. Sie benötigen dafür keine Genehmigung von höherer Ebene und müssen auch nicht vorher für die notwendige Budgetierung sorgen. Das alles bedeutet, dass Sie es schnellstens einsetzen und Ihre Mitarbeiter dadurch motivieren können.

  Bedenken Sie hierbei, dass Sie dem Mitarbeiter auch wirklich ein positives Feedback geben und ihn nicht etwa mit Lob überschütten. Geben Sie genau an, was Sie beobachtet haben und ergehen Sie sich nicht in allgemeinen Bemerkungen. Seien Sie ehrlich und würdigen Sie die guten Leistungen oder Ergebnisse, anstatt nur irgendwelche Nettigkeiten herunterzubeten. (Weitere Informationen zum positiven Feedback finden Sie in Kapitel 3.)

- **Öffentliche Anerkennung:** Die öffentliche Anerkennung von Leistungen vor allen Kollegen kann ein sehr starker Motivationsfaktor sein. Viele Unternehmen haben vorgegebene Anerkennungsprogramme, bei denen die für herausragenden Kundenservice oder gutes Teamwork vorgeschlagenen Mitarbeiter belobigt werden und oft auch einen Geschenkgutschein, einen Bonus oder Ähnliches erhalten.

- **Anerkennung im kleinen Kreis:** Mit der Würdigung einer hervorragenden Leistung unter vier Augen können Sie normalerweise nichts falsch machen. Dazu könnten Sie dem betreffenden Mitarbeiter ein paar anerkennende Zeilen schreiben, ihm einen Tag Sonderurlaub geben oder ihn zu einem Essen einladen.

Werden Sie allen gerecht!

Vermeiden Sie bei diesen Anlässen aber Peinlichkeiten und stoßen Sie niemanden vor den Kopf. Wenn Sie zum Beispiel einen Mitarbeiter belohnen und einen anderen, der zu dessen Erfolg beigetragen hat, nicht erwähnen, schaffen Sie sich damit einen beleidigten Mitarbeiter. Außerdem: Wenn die öffentliche Belobigung dem betreffenden Mitarbeiter peinlich ist, wird sie nicht zur Motivation dieses Kollegen beitragen – auch wenn sie von der Gruppe noch so gut aufgenommen werden würde.

Jeder Mitarbeiter reagiert anders

Motivation ist eine Sache, auf die jeder Mitarbeiter anders reagiert. Manche Mitarbeiter reagieren auf Geldleistungen, während anderen wiederum der finanzielle Aspekt ihrer Arbeit völlig egal ist. Die Annahme, dass eine bestimmte Strategie zur Motivation aller Ihrer Mitarbeiter funktionieren könnte, wäre ein großer Irrtum.

Bedenken Sie auch, dass Sie bei Ihren Überlegung, wie Sie Ihre Leute motivieren, nie davon ausgehen sollten, was Sie selbst motivieren könnte.

Was Sie oder die Mehrheit Ihrer Mitarbeiter interessiert, unterscheidet sich unter Umständen erheblich von dem, was andere Teammitglieder interessiert. Die Sicht der Welt aus Ihrer Perspektive kann Ihnen – selbst bei besten Absichten – den Blick auf die Faktoren verstellen, die Ihre Mitarbeiter motivieren.

Wenn Sie erst erkannt haben, welche Persönlichkeiten sich hinter Ihren Mitarbeitern verbergen, können Sie auch erkennen, was sie in ihrem Job motiviert. Um zu wissen, was die einzelnen Mitarbeiter motivieren kann, müssen Sie beobachten, zuhören und Fragen stellen.

Warum Ihre Mitarbeiter Spaß an der Arbeit haben

Wenn Sie beobachten, wie leidenschaftlich manche Menschen ihren Interessen oder ihrer Arbeit nachgehen, kann diese Begeisterung so ansteckend sein, dass Sie sich zu ihnen hingezogen fühlen und ihren Erzählungen über das Vorhaben zuhören – auch wenn dieses Vorhaben Sie eigentlich gar nicht interessiert. Die Leidenschaft für etwas kann Menschen zu erstaunlichen Leistungen befähigen.

Leidenschaft am Arbeitsplatz muss sich nicht durch begeisterte Ausbrüche oder Singen im Treppenhaus manifestieren. Um die Leidenschaft für die Arbeit für Ihre Zwecke nutzen zu können, müssen Sie herausfinden, was den Mitarbeitern diesen zusätzlichen Antrieb verleiht – vielleicht ein Projekt, an dem sie wirklich Spaß haben und das sie zur Leistung antreibt.

Viele Arbeitnehmer begeistern sich für einen oder mehrere der folgenden Bereiche:

- **Spezialisierung auf ein bestimmtes Fachgebiet:** Bei manchen Mitarbeitern werden Sie einen gewissen Wissensdurst bemerken. Ob sie diesen Durst durch die Teilnahme an Mitarbeiterschulungen oder durch Selbststudium befriedigen, ist ihnen ziemlich egal. Was ihnen wichtig ist, das ist die Gelegenheit zur Erweiterung ihrer Kenntnisse und die anschließende Möglichkeit, dieses Wissen auch wieder weiterzugeben.

- ✔ **Sie wollen anderen Wissen vermitteln:** Manche Menschen führen gerne mit kleineren oder größeren Gruppen Schulungen durch. Die Chance, anderen – in der Gruppe oder im persönlichen Gespräch – etwas beizubringen, ist oft der Grund dafür, dass manche Menschen ihre Arbeit mit Begeisterung erledigen.
- ✔ **Sie wollen ihre Kreativität ausleben:** Kreativität bedeutet, dass der betreffende Mitarbeiter eigene Ideen entwickeln und entsprechend handeln kann, dass er neue Produkte oder Arbeitsabläufe entwickeln oder niederschreiben kann.
- ✔ **Sie wollen Probleme lösen:** Manche Mitarbeiter haben auch ein besonderes Vergnügen daran, sich mit schwierigen Problemen zu beschäftigen und diese zu einer Lösung zu bringen. Fordern Sie deren Problemlösungsfähigkeiten und Sie werden eine begeisterte Reaktion erleben. Sie müssen als Führungskraft nur erkennen, dass es bestimmte Probleme gibt, die angegangen werden müssen.
- ✔ **Sie wollen anderen helfen:** Manche Menschen sind auch für jede Gelegenheit dankbar, anderen bei deren Aufgaben zu helfen. In diesen Fällen sehen Sie, mit welcher Hingabe die Mitarbeiter sich der Arbeit widmen, weil sie wissen, dass andere davon profitieren können. Um diese Begeisterung zu wecken, müssen Sie meistens nicht mehr tun, als den betreffenden Mitarbeiter zu bit-

ten, einem neuen Mitarbeiter zu helfen oder bei einem bestimmten Projekt auszuhelfen.

- **Zu einem Erfolg beitragen:** Dieser Bereich feuert die Leidenschaft bei den Leuten an, deren Arbeit etwas Besonderes sein soll. Sie wollen zu einem hervorragenden Team gehören, sie wollen bessere Verfahren entwickeln, von denen andere profitieren können, oder eine Arbeit tun, die einem guten Zweck dient.

Bedenken Sie, dass Ihre Aufgabe als Führungskraft hier daraus besteht, zuerst einmal herauszufinden, was die Leidenschaft der einzelnen Mitarbeiter anfachen könnte, dann zusammen mit ihnen Gelegenheiten zu schaffen, um diese Leidenschaften nutzen zu können, und sie schließlich mit der erforderlichen Unterstützung auf dem Weg zum Erfolg zu begleiten. Wenn Sie so vorgehen, passen Sie bloß auf! Die Motivierung Ihrer Mitarbeiter nach diesem Muster führt zu erstaunlichsten Leistungen.

Wie du mir, so ich dir

Eine gute Beziehung zwischen dem Vorgesetzten und den Mitarbeitern ist für die Motivation der Mitarbeiter und die Beeinflussung des Mitarbeiterengagements von entscheidender Bedeutung – und wird häufig zu wenig beachtet. Im Allgemeinen ist es so: Je besser der Chef, desto höher ist die Motivation des Mitarbeiters.

Die folgenden Handlungen sind Beispiele dafür, wie Sie Ihre Mitarbeiter motivieren können:

- ✔ Reagieren Sie unverzüglich auf die Anforderungen und Fragen Ihrer Mitarbeiter.
- ✔ Verfolgen Sie den Arbeitsfortschritt Ihrer Mitarbeiter und halten Sie Ihre Versprechen.
- ✔ Seien Sie geduldig – und hören Sie genau zu, um alles richtig zu verstehen –, wenn ein Mitarbeiter sich wegen eines Problems an Sie wendet.
- ✔ Schicken Sie ein paar Zeilen, um einen besonderen Anlass wie etwa einen Geburtstag zu würdigen oder Ihre Anteilnahme am Tod eines Angehörigen auszudrücken.
- ✔ Geben Sie Informationen weiter, um Ihre Mitarbeiter über alle Vorgänge in der Abteilung und im Unternehmen auf dem Laufenden zu halten.
- ✔ Behalten Sie auch in schwierigen Situationen oder unter Druck die Kontrolle. Gehen Sie bei der Behandlung von Problemen lösungsorientiert vor.
- ✔ Wenn Sie wollen, dass ein Mitarbeiter einen Auftrag erledigt, bitten Sie ihn um seine Mitarbeit und geben Sie keine Befehle.
- ✔ Geben Sie Ihr positives Feedback, wenn die Mitarbeiter ein positives Verhalten gezeigt oder eine Arbeit gut erledigt haben.
- ✔ Geben Sie dem Mitarbeiter frei oder gewähren Sie ihm einen Tag Sonderurlaub für eine Arbeit, die ihn viel Zeit gekostet hat.
- ✔ Geben Sie ihm (wenn Sie entsprechend disponieren können) einen Bonus oder einen Geschenkgutschein.

- Gewöhnen Sie sich an, sich für die vielen kleinen Dinge zu bedanken, die Mitarbeiter tun, um den Betrieb am Laufen zu halten.
- Schreiben Sie eine gute Leistungsbeurteilung, in der die besonderen Leistungen einzeln erwähnt werden.
- Wenn Sie von einem internen oder externen Kunden ein Kompliment für die Leistungen eines Mitarbeiters bekommen, geben Sie es schnellstens an den Mitarbeiter weiter.
- Sprechen Sie mit dem Mitarbeiter über seine Karrierevorstellungen. Entwickeln Sie zusammen mit jedem einzelnen Mitarbeiter einen Karriereplan.
- Delegieren Sie ein anspruchsvolles Projekt, das der Mitarbeiter gerne übernehmen würde.
- Verschaffen Sie dem Mitarbeiter die Möglichkeit, an internen oder externen Seminaren oder Konferenzen teilzunehmen.
- Hören Sie sich die Meinung des Mitarbeiters über Pläne oder Probleme an, mit denen Sie sich selbst gerade beschäftigen.
- Lassen Sie den Mitarbeiter seine Kenntnisse und Erfahrungen in Gruppenbesprechungen vortragen.
- Schaffen Sie Gelegenheiten für Schulungsmaßnahmen, in denen der Mitarbeiter seine Kenntnisse an andere vermittelt und diese wiederum ihre Kenntnisse an ihn weitergeben.

Betriebliche Interessen mit Mitarbeiterwünschen abstimmen

Arbeitgeber und Arbeitnehmer haben beide bestimmte Erwartungen an den jeweils anderen, was die Erfüllung der Interessen oder Wünsche angeht. Leider werden diese Erwartungen aber in den wenigsten Fällen klar ausgesprochen. Eine der Motivationsstrategien besteht darin, diese Erwartungen der jeweiligen Gegenseite bekannt zu machen und sie miteinander zu verbinden.

Finden Sie heraus, was die einzelnen Mitarbeiter motiviert und welche Wünsche und Bedürfnisse sie haben. Anschließend können Sie die individuellen Wünsche mit den Interessen des Teams und des Unternehmens in Einklang bringen. Als Ergebnis erhalten Sie eine stärkere Mitarbeitermotivation, was sich letztendlich in guten Arbeitsergebnissen niederschlägt.

Sie können nicht allen gerecht werden

Sie werden nicht den Bedürfnissen jedes einzelnen Mitarbeiters entsprechen können. Ihre Aufgabe als Vorgesetzter besteht schließlich nicht darin, sich um die Wünsche Ihrer Mitarbeiter zu kümmern und sie alle selbst zu erfüllen. Sie sollten aber immerhin wissen, welche Interessen die einzelnen Mitarbeiter haben.

Die Wünsche der Mitarbeiter herausfinden

Im Folgenden finden Sie eine Liste mit Fragen (den sogenannten *Motivationsfragebogen*), die Sie stellen sollten, um die Wünsche Ihrer Mitarbeiter zu erkunden.

- ✔ Welche Pflichten und Aufgaben finden Sie am anspruchsvollsten?
- ✔ Was mögen Sie an Ihrem Job am meisten? Was mögen Sie nicht?
- ✔ Welche Art von Beziehung wollen Sie mit Ihrem Vorgesetzten und mit Ihren Kollegen haben?
- ✔ In welchen Bereichen Ihres Jobs würden Sie gerne
  - mehr Führung erfahren?
  - eine Weiterbildung erfahren?
  - selbstständiger arbeiten können?
- ✔ Auf welche Entscheidungen würden Sie gerne Einfluss nehmen können?
- ✔ Wie würden Sie gerne die eigenen guten Leistungen gewürdigt sehen?
- ✔ Was gibt Ihnen bei der Arbeit das Gefühl, herausgefordert zu werden, etwas geleistet zu haben?
- ✔ In welchen Bereichen könnten Sie Ihrer Meinung nach Ihre Leistungen verbessern?
- ✔ Wenn Sie die Interessen der Firma und der Gruppe zugrunde legen, welche Kenntnisse würden Sie gerne erweitern?

Wenn Sie diesen Motivationsfragebogen einsetzen, sollten Sie folgende Tipps beachten:

- ✔ Vereinbaren Sie einen Termin mit jedem Ihrer direkt untergebenen Mitarbeiter. Nehmen Sie sich dabei genügend Zeit für ein ausführliches Gespräch. Ein Treffen zum Mittagessen wäre eine gute Gelegenheit.
- ✔ Wenn Sie über diese Besprechung reden, sagen Sie Ihren Mitarbeitern, dass Sie ernsthaft daran interessiert seien, etwas über ihre arbeitsplatzbezogenen Wünsche und Bedürfnisse zu erfahren.
- ✔ Führen Sie dieses Gespräch in informeller und entspannter Atmosphäre.
- ✔ Verwenden Sie die Fragen nur als Muster. Stellen Sie weitergehende Anschlussfragen, um Ihre Kenntnisse über den betreffenden Mitarbeiter zu vertiefen.
- ✔ Hören Sie dem Mitarbeiter zu und geben Sie hin und wieder ein Feedback, um festzustellen, ob Sie alles richtig verstanden haben.
- ✔ Amüsieren Sie sich!

Einen Motivationsplan erstellen

Nachdem Sie Ihre Fragen gestellt haben, können Sie zusammen mit dem Mitarbeiter einen Motivationsplan erstellen. Dieser Plan sollte darstellen, mit welchen Maßnahmen Sie für den betrieblichen und persönlichen Erfolg des Mitarbeiters sorgen können. Gehen Sie folgendermaßen vor:

1. **Legen Sie gemeinsam mit dem Mitarbeiter fest, welche Wünsche und Bedürfnisse für ihn am wichtigsten sind,**

und entwickeln Sie Strategien, wie diese Wünsche am besten erfüllt werden können.

2. **Notieren Sie die wichtigsten Wünsche und Bedürfnisse in einer Liste.**

   Notieren Sie nur zwei oder drei Wünsche. Sie sollten hier die Wünsche und Bedürfnisse erfassen, welche die besten Möglichkeiten bieten, betriebliche Interessen und persönliche Bedürfnisse und Wünsche in Übereinstimmung zu bringen.

3. **Nachdem Sie gemeinsam die wichtigsten Bedürfnisse und Wünsche notiert haben, entwickeln Sie die Pläne oder Strategien zu deren Befriedigung.**

   Gehen Sie zur Entwicklung der Strategien für den Motivationsplan folgendermaßen vor:

   - Schreiben Sie die Maßnahmen detailliert nieder.
   - Legen Sie Zieltermine für diese Maßnahmen fest.
   - Fragen Sie den Mitarbeiter, welchen Beitrag Sie leisten können, um den Wunsch zu erfüllen.
   - Fragen Sie den Mitarbeiter, welche Unterstützung er von Ihrer Seite braucht, um die einzelnen Bedürfnisse befriedigen zu können.

4. **Kontrollieren Sie anschließend regelmäßig – möglicherweise im Zuge Ihres vierteljährlichen Bilanzgesprächs (siehe Kapitel 8), wie es um Ihre Motivationsbemühungen bestellt ist.**

   Aktualisieren Sie gemeinsam mit dem Mitarbeiter die Informationen – möglicherweise anlässlich der jährlichen

Mitarbeiterbeurteilung. Stellen Sie Fragen, um zu kontrollieren, welche neuen Bedürfnisse oder Wünsche sich ergeben haben. Die Wünsche und Interessen der Mitarbeiter ändern sich mitunter im Laufe der Karriere.

Der Mitarbeiter ist derjenige, der diesen Prozess vorantreibt, der dafür verantwortlich ist, dass der Plan umgesetzt wird. Ihre Rolle als Vorgesetzter beschränkt sich darauf, ihm die notwendige Unterstützung zu bieten.

Auswirkungen auf das Mitarbeiterengagement

Die großen sieben Strategien zur Motivation haben erhebliche Auswirkungen auf die fünf Säulen des Mitarbeiterengagements (siehe Kapitel 2).

- **Fokus:** Im Motivationsplan definieren Sie die Maßnahmen, mit deren Hilfe den Mitarbeiterwünschen entsprochen werden kann. Diese Maßnahmen zeigen Ihrem Mitarbeiter die Schritte auf, die notwendig sind, um ein hohes Leistungsniveau zu erreichen. Er weiß genau, in welche Richtung er gehen muss und wird motiviert, sich entsprechend zu verhalten.
- **Beteiligung:** Bei vielen der in diesem Kapitel besprochenen Motivationsstrategien bitten Sie Ihre Mitarbeiter um Angabe ihrer Vorstellungen und Ideen und übertragen ihnen danach die von ihnen gewünschte Verantwortung. Die Mitarbeiter helfen bei der Ausgestaltung ihrer Motivationspläne und können die Konsequenzen gewissermaßen als ihr Eigentum betrachten.

- **Weiterbildung:** Auch auf diese Säule des Mitarbeiterengagements hat Ihre Motivationsarbeit große Auswirkungen. Ein großer Teil Ihrer Motivationsarbeit richtet sich auf die Weiterentwicklung der Kenntnisse und Fähigkeiten Ihrer Mitarbeiter. Sie regen deren Wunsch zur Weiterentwicklung an – eine gute Entwicklungshilfe.
- **Anerkennung:** Verhaltensweisen, die belohnt werden, werden auch wiederholt. Wenn Sie die Motivationsstrategien des positiven Feedbacks und der unterschiedlichen Arten von Anerkennung zur Würdigung guter Leistungen anwenden, hat das erhebliche Wirkung auf diese Säule des Mitarbeiterengagements.
- **Verantwortung:** Diese Säule wird durch Ihre regelmäßigen Kontrollen der Fortschritte Ihrer Mitarbeiter in Bezug auf deren Motivationspläne gestärkt.

Teil V

Der Top-Ten-Teil

»Ihr Vorgesetzter hat mir gesagt, Sie seien derjenige, an den ich mich wegen eines schnell durchzuziehenden Projekts wenden sollte.«

In diesem Teil …

Im letzten Teil dieses Buches gebe ich Ihnen zwei praktische Übersichten, die Sie jederzeit rasch überfliegen können, wenn Sie gerade mal eine Auffrischung in Sachen Mitarbeitermotivation brauchen: zehn Fähigkeiten für konstruktive Mitarbeiterführung und zehn Verhaltensweisen, die Sie als Vorgesetzter vermeiden sollten.

12 Zehn Fähigkeiten für konstruktive Mitarbeiterführung

In diesem Kapitel

- Fähigkeiten erkennen, die Sie besitzen sollten
- Soft Skills für optimale Mitarbeitermotivation

Egal ob es um Beurteilung, Förderung oder Motivation Ihrer Mitarbeiter geht – es gibt zehn Tipps, die Sie immer beherzigen sollten, wenn Sie Ihre Mitarbeiter kompetent führen wollen. Wenn Sie sich an diese Tipps halten, sind Sie in einer besseren Position, um andere zu beeinflussen. Aus diesem Grund liste ich in diesem Kapitel die zehn Fähigkeiten auf, die für eine konstruktive Mitarbeiterbetreuung wichtig sind.

Aktives Zuhören

Menschen hören auf ganz verschiedene Arten zu, doch aktives Zuhören ist die beste Art. Aktives Zuhören bedeutet, dass man Verständnis zeigt – verbal – für das, was jemand anders Ihnen sagt, ohne darüber zu urteilen. Es ist eine Fähigkeit, die Ihnen hilft, mit Stress umzugehen, zu sehen, wo Menschen herkommen, und Menschen dazu aufzufordern, ihre Stimme zu erheben und sich zu beteiligen.

Bestimmtes Sprechen

Bestimmt sprechen bedeutet, dass man sich in einer direkten und von Selbstvertrauen geprägten Weise ausdrückt (sowohl nonverbal als auch verbal) und den Respekt für die andere Person jederzeit beibehält. Bestimmtes Sprechen bedeutet, dass man seine Argumente vorbringt, aber es anderen auch ermöglicht, gehört zu werden. Es bedeutet, sich Menschen gegenüber in einer konstruktiven Art zu äußern. Dies ist eine unerlässliche Fähigkeit, die man entwickeln sollte.

Zeitmanagement

Beim Zeitmanagement geht es darum, über organisatorische Fähigkeiten zu verfügen; zu wissen, wie man seinen Zeitplan und den Arbeitsfluss managt, sich nur auf Prioritäten ausrichtet und Dinge erledigt. Organisiert zu sein ist von großer Bedeutung für die Effektivität einer Führungskraft. Sie haben möglicherweise Schwierigkeiten, andere zusammenzurufen und zu organisieren, wenn ihnen dies nicht für sich selbst gelingt.

Meetings managen und ermöglichen

Je höher Sie in einem Unternehmen aufsteigen, um so mehr Zeit verbringen Sie mit anderen Menschen – gewöhnlich in Meetings. Meetings zu organisieren, damit diese produktiv verlaufen, ist eine echte Fähigkeit: in der Lage zu sein, den Fluss des Meetings zu leiten, damit dieses Ergebnisse und aktive, aber zielgerichtete Beteiligung bringt.

Veränderungen managen

Egal, in welcher Branche oder in welchem Unternehmen Sie arbeiten: Die Konstante, auf die Sie sich verlassen können, ist, dass sich früher oder später irgendetwas verändern wird. Fähig zu sein, Werkzeuge zu verwenden, um den Prozess der Veränderung zu handhaben, und Menschen durch diesen hindurchzuleiten, ist in der Wirtschaft heute sehr wichtig. Veränderungen einfach geschehen zu lassen, ist gut für das Chaos, aber nicht für Fortschritt und gute Leistung.

Teamentwicklung

Immer mehr Aufgaben werden von Teams bewältigt. Gruppen von Menschen zu leiten, die als Teams funktionieren, ist für Ihren Erfolg als Führungskraft unerlässlich. Es ist immer wieder eine neue Herausforderung, Teams zu produktiver und gemeinsamer Arbeit anzuhalten.

Problemlösung

Probleme treten an jedem Arbeitsplatz auf. Zu wissen, wie man an Problemsituationen herangeht, und Werkzeuge anzuwenden, um diese in einer gründlichen und organisierten Weise anzugehen, sind sehr nützliche Fähigkeiten, die man erlernen kann. Diese Fähigkeiten helfen Ihnen dabei, Mitarbeiter zu betreuen und zu motivieren, indem Sie diesen dabei helfen, die Probleme, mit denen sie konfrontiert sind, anzugehen und zu lösen.

Konfliktlösung

Einfach definiert, ist ein *Konflikt* ein Unterschied. Es kann ein Unterschied hinsichtlich Ansichten, Arbeitsmethoden oder Stilen sein, der zu einem Streit führt. Konflikte sind in jedem Arbeitsumfeld unvermeidbar. Zu wissen, wie man mit ihnen in einer konstruktiven (nicht destruktiven) Weise umgeht, ist eine wichtige Fähigkeit, um die Produktivität und die Arbeitsbeziehungen positiv zu beeinflussen.

Projektmanagement

In vielen Unternehmen wird heute ein Großteil der Arbeit in Projekten erledigt, üblicherweise in Projektteams, in denen Projekte innerhalb von Abteilungen ebenso wie in übergreifenden Teams ausgeführt werden. Die Führung von Projekten erfordert viele Fähigkeiten, von der Aufgabenplanung über die Einhaltung von Zeitplänen durch Menschen. Wer fähig ist, Projekte kompetent zu managen, hat damit eine gute Ausgangsbasis für eine kompetente Mitarbeiterführung.

Leitung

Führungskompetenz umfasst nicht nur das Setzen von Zielen und die Verfolgung der dafür notwendigen Schritte, sondern auch die Fähigkeit, andere zu beeinflussen und dazu zu inspirieren, das gewünschte Ziel zu erreichen. Führungsqualitäten lassen sich nicht an Hierarchie festmachen. Es geht darum, sich so zu verhalten, dass andere gewillt sind, Ihrer Richtung zu folgen.

Stichwortverzeichnis

A

B

D

E

G

G

K

L

M

N

P

S

V

Z